非常容易跟着做

手作布艺技法

精品原创 · 中国元素 · 雅致实用 · 非常易学

GTIME编辑部　编著

北京出版集团公司
北京美术摄影出版社

图书在版编目（CIP）数据

非常容易跟着做：手作布艺技法 / GOODTIME编辑部
编著. — 北京：北京美术摄影出版社，2018.10
（手作生活）
ISBN 978-7-5592-0151-5

I. ①非… II. ①G… III. ①手工艺品 — 布艺品 — 制
作 IV. ①TS973.51

中国版本图书馆CIP数据核字 (2018) 第147132号

手作生活
非常容易跟着做

手作布艺技法
FEICHANG RONGYI GENZHE ZUO
GOODTIME编辑部　编著

出　　版　北京出版集团公司
　　　　　北京美术摄影出版社
地　　址　北京北三环中路6号
邮　　编　100120
网　　址　www.bph.com.cn
总 发 行　北京出版集团公司
发　　行　京版北美（北京）文化艺术传媒有限公司
经　　销　新华书店
印　　刷　鸿博昊天科技有限公司
版印次　2018年10月第1版第1次印刷
开　　本　787毫米×1092毫米　1/16
印　　张　15.5
字　　数　150千字
书　　号　ISBN 978-7-5592-0151-5
定　　价　69.00元

如有印装质量问题，由本社负责调换
质量监督电话　010-58572393

前言

　　手作布艺在当今已不是传统意义上的"缝补女红"，而是一种非常惬意的、放松心情的 DIY 休闲方式，人们可以从手作过程中与自己沟通的静寂时光里获得愉悦。同时手作布艺也是一种整合身心，具有疗愈效果的成长活动。

　　手作布艺区别于他物之处在于其拥有了情感的温度，是机器无法规模化复制的。亲手制作生活中大大小小的布艺，不仅是个性化的需求，更是一种追忆，一种对温润时光的追忆。本书中国风式的手作布艺，更是对中国文化和审美的回归，将美学融于生活，使手作成为一种生活方式。

　　但遗憾的是，国内出版的有关布艺、刺绣方面的图书多以版权引进为主，这样一是不接地气，二是与中国传统审美情趣脱节，导致很多布艺爱好者的作品越来越"洋化"，与中国传统文化渐行渐远。而这本《非常容易跟着做——手作布艺技法》开创了原创手作布艺图书的先例，填补了市场空白，尤其本书强调"中国风"特色，更能让读者体会到我们"回归传统""文化自信"的用心。

　　本书的执笔人东良老师，专注手作布艺多年，是国内布艺达人，拥有众多拥趸，其通过网络解答网友疑问，往往有上万的浏览量。本书从最基础的穿针引线讲起，一步步引导读者制作出极具"中国风"特色的布艺作品，其中还穿插一些小技巧，并融入了自己的创意和传统图案。本书一共设置了 31 个实操案例，案例经典、实用。

　　如果你是新手，可通过阅读本书循序渐进地做出自己喜爱的手作布艺作品；如果你是有一定基础的布艺爱好者，书中的许多创意、技法也一样会对你有所帮助。

　　手作布艺不仅能够陶冶人的情趣，还可以让你和朋友们分享手作布艺的快乐。我们也期待更多不知从何入手的布艺喜爱者，一起加入到手作布艺的队伍里来，感受它带给人们的美好。

　　由于时间有限，书中难免有不足之处，敬请广大读者批评指正。

GOODTIME 编辑部

案 例 展 示

简单的杯垫

P042

P049

石子路径茶垫

P055

糖果针插

书形针插

P062

传统抽绳袋

P075

抽绳零钱包

P080

两个小装饰

P087

双耳小篮

P095

杯垫小盖

P103

手帕

P110

樱花

P118

花卉香囊袋

P125

猫猫挂坠

P130

头发夹子

P135

胸针

P139

公交卡包

P145

书衣

P152

扇套

P160

文艺范布包

P165

笔袋

P173

银杏餐垫

P181

青花瓷杯垫
P188

围裙
P195

P200
红酒提袋

环保提袋
P207

小鱼提袋
P214

化妆包
P219

方形相框
P230

木棍挂毯
P235

背包挂件
P240

目 录

第 1 章
手作布艺的工具及使用方法

第 2 章

手作布艺的基础技法

原创案例

用针线精致我们的生活

一针一线的美好饰品

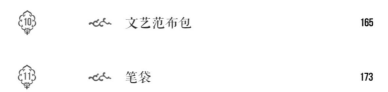

原创案例

将绘图应用到布艺中

用十字绣做布艺

手作布艺的工具及使用方法

1.1 基本工具介绍

奥林巴斯刺子绣线

左图中的线左边是藏青色（色番 103），右边是纯白色（色番 101），捻度比国产的紧密，在棉花的选择和纺织技术上要求更高，线均匀，而且强度、韧性更好。此外，还有其他一些颜色的线，读者可根据自己的喜好进行选择。使用时可根据布料的厚薄以及图案来使用一根线、两根线等，本书中的实例都会标明线的根数。也可以用其他一些棉纱线或绣花线来完成手作。

（DMC）25 号绣花线

100% 纯棉，每捆 8 米，每股由 6 根细线组成。在刺绣时会使用不同细线组成的线来刺绣，叫作"X 根一股"。上图中左边蓝色线号为 3885，右边白色线号为 B5200。

国产刺子绣专用线

左图（上）中的线左边为 8 股刺子绣专用线，右边为 12 股刺子绣专用线，此外还有 6 股、10 股等刺子绣专用线，可根据图案、布料等来选用合适的线，建议新手选用 6 股专用线，因为收线稍细，比较好穿过布面（股数即每根线由多少根棉纱线组成，数字越大，线越粗，但每个厂家之间同样的股数也会有区别）。12 股刺子绣专用线是我经常用到的刺子绣线，纯棉材质，捻度并不是很紧，线蓬松。我个人特别喜欢这种 12 股的线，虽然用这种线在一些纺织紧密的土织布上绣会比较费力，但会呈现出一种立体的效果（这时可以使用水溶线蜡，有效防止线打结、起毛）。

茶叶染的刺子绣线

这是一种用茶叶染的 12 股专用刺子绣线，除此之外，也可以尝试用其他不同的天然材料染色，如紫草、各种花、洋葱皮等。

植物蓝染的刺子绣线

植物蓝染的专用 12 股刺子绣线有不同深浅的蓝色。

水溶线蜡

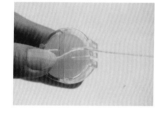

使用水溶线蜡（防止线打结、起毛，润滑绣针）时把线或针在两边细槽里拉一下即可。

剪刀

缝纫剪（大）用于裁剪大块的面料，纱剪（小）用于剪断线，也可以用其他一些便于握在手中的小剪刀代替。

气消笔和水消笔

气消笔印遇空气或高温蒸气熨烫可消失印迹，水消笔印用水浸泡可消失印迹。白色笔用于画在深色布料上；深色笔用于画在浅色布料上。建议新手选用水消笔，因为有些气消笔在还没绣完图案的时候其所画图印就消失了。

圆规

圆规在绘制曲线时使用，要选用能夹入笔的圆规。

软尺

软尺在测量一些弧线或丈量长一些的尺寸时使用。

圆盒金尾针

圆盒金尾针针尖细小，针尾部位特有凹槽设计，更便于线穿过布料。建议新手购买，里面长、短、粗、细都有，总会找到合适的一根。

直尺

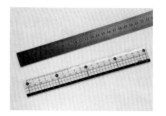

直尺在绘制直线时使用，长、短直尺可备齐。

机缝线

机缝线在缝合布料时使用。上图（左）为富士克机缝线 60 番（番表示线的粗细，数字越大，线越细），上图（右）为高士机缝线。机缝线可作手缝线使用，但手缝线不能作机缝线使用。线的种类繁多，价位高低不同，可根据自己的情况购买。好的线纺织均匀，韧性更强，用起来也更顺手一些。

奥林巴斯刺子绣专用针

奥林巴斯刺子绣专用针，绣长距离时使用长针。

刺绣针

刺绣时用的针。

锥子

DIY 布艺手工辅助工具，用于翻布角、钻孔、做标记等。

顶针

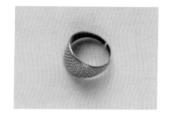

左图为普通顶针，右图为掌心顶针，做针线时的常备工具，用于保护手指，方便把针顶到布里。有金属材质的，也有皮质和其他一些材质的，建议选择可以调节大小的顶针以适合自己使用。顶针的使用方法参见 P25。

单面带胶辅棉

单面带胶辅棉有 180 克、210 克、300 克、350 克、400 克等不同厚度，需要用熨斗施加压力进行熨烫，利用高温让胶融化后粘在布上，是做手工布艺的常备用品之一。熨斗也是必不可少的工具，熨烫时关掉蒸气，注意挂烫机不可用！做一些小件布艺，如杯垫、小袋时可使用克数较小的薄款辅棉，如 180 克、210 克等，做大包时则可以使用 350 克以上的厚款辅棉。

带胶硬衬

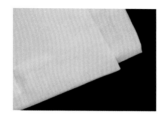

带胶硬衬（树脂衬）有130克、300克等不同厚度的，需要用熨斗施加压力进行熨烫，利用高温让胶熔化后粘在布上，多作为包的底布和内衬，使物品挺括。熨斗是必不可少的工具，熨烫时关掉蒸气，注意挂烫机不可以用。

人字带

人字带有不同尺寸的宽度和颜色，可绲边，作为装饰、抽绳等使用。

珠针、夹子

珠针、夹子有各种不同外形，用于临时固定布片或定位，是做手工必备的工具之一。

单面带胶无纺布衬

单面带胶无纺布衬有拉伸布料不变形并使物品挺括的作用。为薄的刺绣布先烫上衬，不仅可以使布料结实不变形，还可隐藏背面线头。

绣花绷

绣花时用于绷住布料，保持布料平整。材质有木、竹、塑料等，尺寸大小不同，建议新手选用直径为12～14厘米的绣花绷，方便一只手握住。另外可准备图中所示的直径约6厘米的小绣花绷，以便于一些小的绣品和边角的刺绣。绣花绷的使用方法参见P25。

填充用的珍珠棉

填充用的珍珠棉可填充小玩偶、抱枕等。

铁笔、玻璃纸、布用复写纸

这些工具在将图案转印至布面上时使用，铁笔也可用写完的圆珠笔或中性笔代替。使用方法参见 P26。

水溶十字绣布（小格）

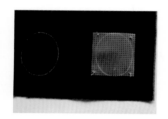

水溶十字绣布（小格）用于在普通的布料上刺绣十字绣，绣完后用水浸泡，会溶化于水。

橡皮、铅笔、自动铅笔

这些工具在绘图时使用。

拆线器

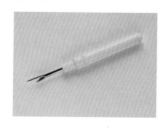

建议新手购买此工具，以便拆出绣错的线，使用这种工具不伤布面，比用小剪刀安全。

画图纸

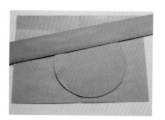

推荐使用 180 克以上的牛皮纸。300 克以上的牛皮纸可作为熨烫辅助尺使用，使用方法参见 P112。

穿带器

用于穿人字带、松紧带等的辅助工具。

胸针、吊坠、发夹底托

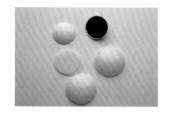

这些工具有各种形状和尺寸，可以根据自己的喜好购买。

常用的布

上图（左）为奥林巴斯野木棉，上图（中）为 20 世纪 60 年代的蓝染手工土织布，上图（右）为植物蓝染布，有纯棉、棉麻、苎麻等各式天然材质，颜色深浅也不同，可根据自己的喜好购买。

崇明的纯棉手工土织布，宽度为 27 ～ 65 厘米，由不同的人手工编织而成，因此宽度、厚度、花色都不相同。布面会有不均匀的棉线、棉籽黑头和跳线，但正是这些造就了每一匹布都是独一无二的，可以根据自己的喜好购买。建议初学者多尝试一些布料，找到布艺、手作的乐趣和自己喜欢的布料。

以上介绍的是本书用得比较多的布料。

家用熨烫板、蒸气熨斗

这些工具可以使布料或缝制的作品更加平整、服帖。

—— 温馨提示 ——

本书中的实例所用布料，可根据自己的喜好用各种棉麻布替代。所用辅料、配饰可在网上购买。

1.2 工具的整理

1.2.1 布料的整理

　　为防止布料掉色、缩水影响成品，买回来的布料一定要先下水浸泡、熨烫平整再使用。另外要特别注意，植物蓝染会有不同程度的浮色、掉色，可以在浸泡时加盐固色，阴干勿暴晒，再熨烫。崇明的手工土织布因织布时间久远以及储存等因素，会有异味、灰尘等，建议用洗衣机机洗后再使用。

1.2.2 刺子绣线的整理

01 打开线圈(外面有标签的先去掉标签)。

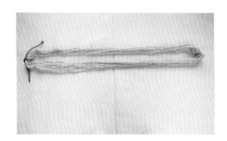

02 整理好线圈，一头用其他线轻轻绑住。

03 用剪刀将另一头剪断。

04 将线轻轻地编成蓬松的麻花辫(注意：不要太用力)。

05 尾部再用其他线轻轻绑住。

06 整理完成，也可以将多种颜色的线一
起处理（注意：股数不同、颜色相同
的线不要绑在一起）。

07 使用时，从此处轻轻抽出一根。

08 抽出一根使用，其他的线不会零乱，也
便于存放。

1.2.3 绣花线的整理

方法一

01 不取下商标，抽出其中一股绣线，剪
大概 50 厘米长度。

02 从剪断的这股线中一根一根抽取，需
要几根抽取几次，不要同时抽取几根
线，否则容易打结。剩下的绣线也要
捋顺，便于下次使用。

将绣线缠绕在绕线板上，或线轴、硬纸板上。绣线颜色多时，可在边上写上线的编号，以便于查找。

1.3 工具的使用

1.3.1 顶针的使用

普通顶针戴在持针的手中指第一与第二关节之间，拇指和食指捏针，将针尾抵在顶针的凹孔处。使用时中指用力往针尖方向顶，使针顺利穿过布面。

掌心顶针戴在持针的手中指上。用拇指和中指活动针，针尾抵在顶针凹孔处，靠手掌发力推动针向前，多用于刺子绣或平针绣长距离用针时。

1.3.2 绣花绷的使用

01 将调节螺丝微微调松，让绣花绷内外框分开，将外框平放在平整的桌面上。将绣布的绣花面朝下，把绣布平整地铺于绣花绷外框上。

02 双手稍加用力，将内框连带绣布压入外框中，调整绣布的平整和螺丝的松紧（注意：要把握好绣布的松紧度，切忌绷得太紧或太松，要使针可以轻松出入为宜）。

1.3.3 绣花拓图工具的使用

01 将玻璃纸（或薄、透明的纸）蒙在喜欢的图案上，用铅笔描绘。

02 在玻璃纸上完成描绘。　　　　　　　03 使绣布的正面朝上。

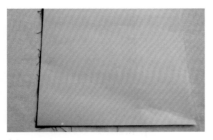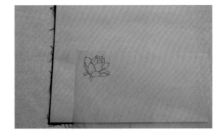

04 将布用复写纸有颜色的那面朝下。　　05 放上描绘好的玻璃纸。

06 用铁笔（或用完的中性笔）沿图使劲描绘一遍。

07 拿开布用复写纸和玻璃纸，如果不清晰的话，可以用水消笔再描绘一遍，即可完成绣花拓图。

1.3.4 辅棉和衬的熨烫方法

单面带胶辅棉、带胶硬衬（树脂衬）的熨烫

将单面带胶辅棉有胶的一面朝上。

将布料的反面对着单面带胶辅棉有胶的一面。

熨斗开高温（勿开蒸气），在布料的正面熨烫，也可在布料上垫一层薄棉布（如上图所示的花格布）。

单面带胶无纺布衬的熨烫

将布料的反面朝上。

将单面带胶无纺布衬带胶的一面朝下，放在布料上面。

熨斗开高温（勿开蒸气），在单面带胶无纺布衬上熨烫，也可在无纺布衬上垫一层薄棉布（参见上面"单面带胶辅棉"的熨烫操作）。

第 2 章

手作布艺的基础技法

2.1 缝制基础

2.1.1 穿针

01 将针有孔的一端(针尾,又称针鼻)朝上。

02 穿线前先将线斜剪一刀,以便更顺利通过针眼。

03 将线穿过针眼,即完成单线穿针。

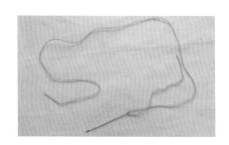

—— **温馨提示** ——

根据需要可穿两股或三股线等。

2.1.2 打结（始缝结、终点结）

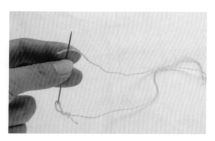

01 用针压住线头，留出 1.5 厘米左右的长度。

02 将线在针上绕一圈。

03 绕线的地方用拇指压住，另一只手将针从绕线处抽出。

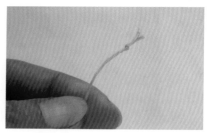

04 完成打结。

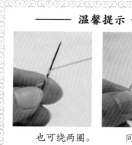

—— 温馨提示 ——

也可绕两圈。　同样的线绕两圈和绕一圈相比，圈数越多，线结越大。

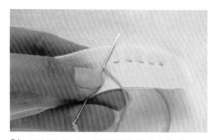

01 缝制结束时，用针紧挨最后出线处。

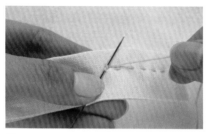

02 将线在针上绕一圈或两圈。

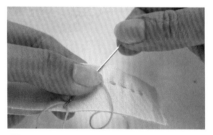

03 用手指压住绕线处，另一只手抽针。

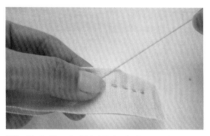

04 抽出线，把线圈收紧在线的根部。

05 剪掉多余线，留 0.5 厘米的线头，即完
成打结。

2.1.3 平针缝（拱针）

平针缝，也叫拱针，是最简单、最常见的一种针法，可以用来缝合、抽褶、压缝等。
针距一般保持在 0.3 ~ 0.5 厘米。

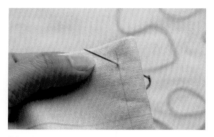

01 将线穿针并打好始缝结，然后将针从
　　起点开始穿过布面。

02 抽出线，将针沿需要缝制的线路入针。

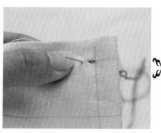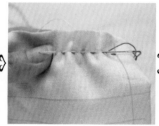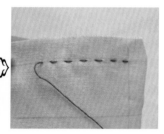

03 可以沿缝制的线路均匀地一次一针，也可以沿缝制的线路均匀地一次数针，然后抽出线，完成缝制。

2.1.4　回针缝（全回针、半回针、星止缝）

───────────────── 全回针缝 ─────────────────

全回针缝用于增强平针缝的牢固性或用于缝制较厚的布。

01 将线穿针后打好始缝结，从缝制起点
　　前约 0.3 厘米处起针。

02 第二针从缝制起点入针。

03 第三针从缝制起点前 0.6 厘米处出针。之后重复第 2 步和第 3 步的操作。

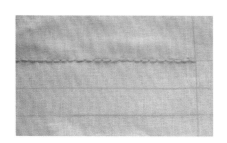

04 沿缝制线路均匀、连续地完成缝制。

--------- 半回针缝 ---------

　　半回针缝缝法和全回针缝步骤相同，不同之处在于半回针缝在往回缝时，只回缝至一半针距处，如下组图所示。

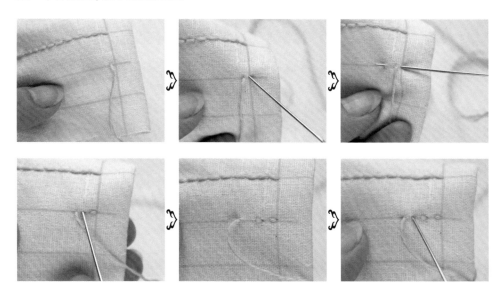

星止缝

　　星止缝常用于缝合拉链，缝法和全回针缝相同，不同之处在于星止缝在往回缝时距离更小。

　　以上3种缝法的对比如下面两图所示。

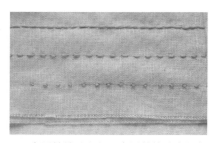

全回针缝（上）、半回针缝（中）与
星止缝（下）正面的对比

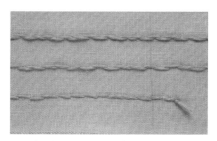

全回针缝（上）、半回针缝（中）与
星止缝（下）反面的对比

2.1.5　藏针缝及立针缝

藏针缝

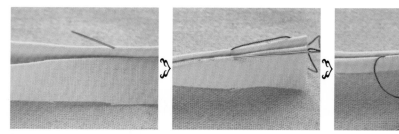

01　将线穿针后打好始缝结，针从缝份内侧出针（什么是缝份，参见P44）。第二针从对侧入针，第
　　三针从同侧出针。

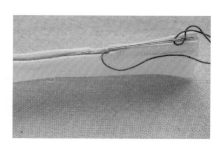

02　完成打结。

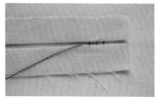 

　　藏好线迹的关键在于两侧的针　　　　收紧后就看不见针脚了（所谓
距要一致，上图为放松的线，可以　　针脚，即缝制时针线的痕迹，也指
看出两侧连接的线呈平行状态。　　　两个针眼之间的距离）。

──────── 立针缝 ────────

　　立针缝又名贴布缝，常用于贴布或绲边条的缝制。

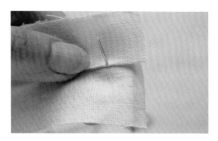

01　将线穿针后打好始缝结，从布下出针穿
　　过所有布层，出针处靠近上层折边。

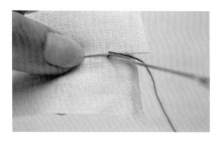

02　第二针入针时，与第一针出针位置保持
　　垂直。

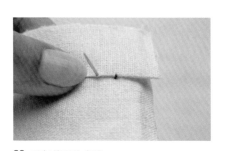

03　重复前面的步骤。

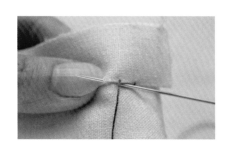

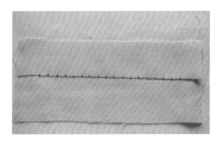

04 完成后的效果。

─── 温馨提示 ───

藏针缝和立针缝的效果对比如上图所示。

2.1.6　缩缝

缩缝常用于制作缩口。

由圆形布片表面入针，以平针缝前进，针脚约0.5～0.7厘米。

缝完一圈后，将针穿过线结处，拉紧缝线，即完成缝制。

2.1.7　打线钉（疏缝、假缝）

打线钉用于将表布、铺棉和里布暂时固定。和平针缝的针法一样，但针距较大，通常用于正式缝合前的粗略固定，类似于珠针，最后将线剪断、抽掉即可。

2.1.8 卷针缝

卷针缝多用在布边处的结合部位。

01 从布的下方往上起针。

02 抽出线。

03 再把针绕回布的下方再次往上缝。

04 重复至缝完即可。

05 缝制效果如图所示。

—— 温馨提示 ——

不论用哪一种缝法,起针的第一针和最后一针都可多缝一次,这样会使缝线更牢固。同时不论用哪一种缝法,针距一定要一致,这样才能使缝后的布面显得漂亮。

2.2 刺绣基础

2.2.1 刺绣的基本针法

刺绣的基本针法如下所示。

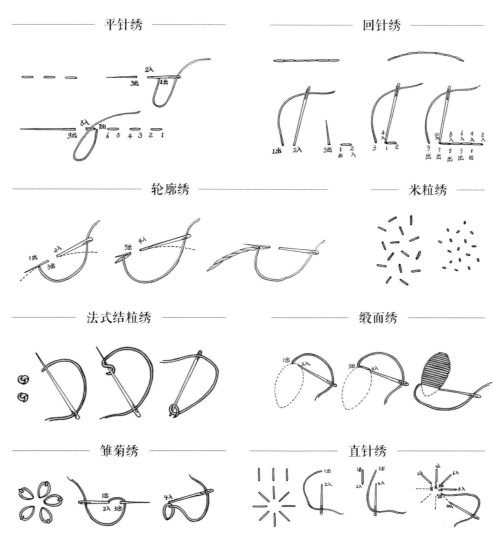

经常会用到的两种装饰花边——绕线绣如下所示。

—— 花边 1 ——
—— 花边 2 ——

 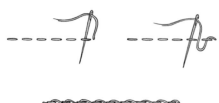

2.2.2 绣面的熨烫整理

铺好毛巾，将绣面平铺在上面，正面朝下熨烫平整。

2.2.3 绣线的起针和收尾

起针： 针从布下穿出，留 1 ~ 1.5 厘米线头。

收尾： 将快绣完的线从前面的绣线下穿过，留 1 ~ 1.5 厘米线头，剪掉多余部分。

原创案例

用针线精致我们的生活

简单的
杯垫

—— **案例解疑** ——

本案例将解决以下问题。

（1）什么是缝份?

（2）什么是针脚?

（3）怎么起针和收针?

（4）什么是返口?

（5）怎么处理直角?

（6）什么是返口的缝合?

（7）怎么藏线结?

一针
一线
简简单单
开始手作之旅

面料：面布为植物蓝染棉麻布，底布为崇明纯棉手工土织布　　成品尺寸：12 厘米 × 12 厘米

01 在布上画出边长为12厘米的正方形，在每边多剪出1厘米的部分用于缝合，正方形白线外面的部分即缝份。

02 剪出同样大小的两块布，布的正面相对。

03 用珠针将两块布固定好，沿黄线缝合（平针缝或全回针缝、半回针缝都可以，此处用全回针缝）。在一条边上预留出不缝合的5厘米长度，作为用于在缝制完成后翻向正面的缺口，即"返口"。

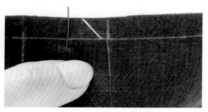

04 将线穿针，打好始缝结。从起点前约0.3厘米处出针，抽出针线。

05 第二针从起点入针，第三针从距起点0.6厘米处出针。

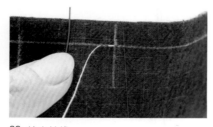

06 抽出针线。

07 重复前面的步骤（用全回针缝进行缝制）。

08 保持针脚的均匀（针脚，即缝制时在布料上留下的针线痕迹，也就是针眼之间的距离）。

09 在直角的交点处出针。

10 在此处重复一针，用于加固，然后继续缝制另外一边。

11 同理，在此处仍然重复缝制一针。

12 继续向前缝制。

13 缝至终点。

14 打好终点结，并将针回穿两次。

15 剪掉多余线头，完成缝合。

16 在 4 个直角处，呈 45° 斜剪一刀（注意：不要剪到缝合的线）。

17 将杯垫正面朝下，用熨斗沿缝合线熨烫。

18 用手指压住直角处，从返口处将正面翻出。

19 用锥子轻轻整理直角处。

20 再次用熨斗熨烫。

21 熨烫完成。

22 缝合返口。将线穿针后打好始缝结，从缝份下出针，这样就可以将始缝结隐藏起来。

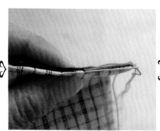

23 黄色虚线处是在里面用全回针缝针法缝合的部分。用藏针缝针法缝合返口的时候，出针处在前面缝合针迹的前一两针处，即藏针缝和里面的全回针缝重叠一到两针，这样可以使缝合处更牢固，然后再用藏针缝针法缝合返口。

24 缝合时注意线不要抽得太紧。

25 缝合完成后打好终点结。

26 将针从线结下方入针。

27 将针在两层布的中间穿过 2 ~ 3 厘米出针。

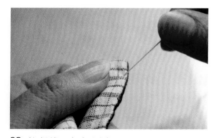

28 拉紧线，轻轻用力。

29 将线结拉入布料里，藏好终点结。

30 将布料外面的线剪掉后，完成缝制。

石子路径茶垫

手作区别他物在于有了情感的温度

在于一针一线的漫长积累

并非拥有高端的工具和高超的技艺

对生活的热爱和感悟

才是手作最珍贵的部分

随意地画图

如那弯曲的石子路

也不必在意针脚是否均匀

用手中的针线从最简单的行针方式开始

白色茶垫：民国时期生产的手工织布　　蓝色茶垫：植物蓝染棉布

成品尺寸：28 厘米 × 17 厘米　　　　　成品尺寸：34 厘米 × 20 厘米

绣线：12 股刺子绣专用线

01 准备同样大小的两块布，正面相对。

02 距布边 2 厘米处开始画线。

03 随意画出线条。

04 将线穿针后打好始缝结，从两层布的
中间起针。

05 将线结藏在两层布的中间。

06 抽出针线。

07 将针从上向下穿过两层布，然后抽出针线，再将针从下往上穿过两层布。

08 重复前面的步骤，可以一针一针穿，也可一次连续穿多针。开始不必在意针脚是否均匀，随意的
针脚也能呈现出不一样的效果。

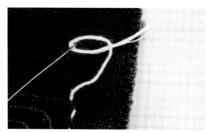 

09 当一根线快用完时，将针穿入两层布中间。

10 在两层布的中间打终点结。

11 剪掉多余线头，重新穿线，重复前面的步骤，完成缝合。

12 绣完后的效果。

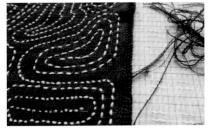

13 拆掉四周约 1 厘米宽的织布线。

14 完成制作。

延伸案例

糖果针插

做手工时

总有许多的针需要安放

甜甜的糖果

让手作的时间甜香四溢

面料：植物蓝染棉布　　　绣线：12 股刺子绣专用线

所用绣法

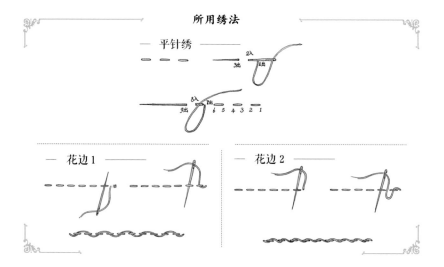

— 平针绣 —

— 花边1 —　　　　　　— 花边2 —

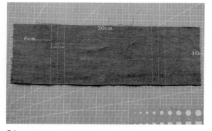

01 准备一块长 30 厘米、宽 10 厘米的布，按图中所示画出线条。

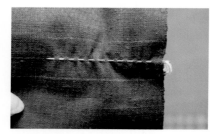

02 采用平针绣，保持针脚均匀。

03 可连续绣数针，抽出针线。

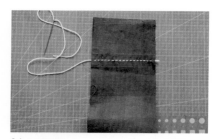

04 绣完图中中间的画线处，不剪断线。

05 将针线在最后一针旁从下往上穿出。

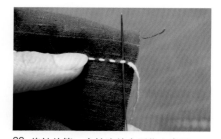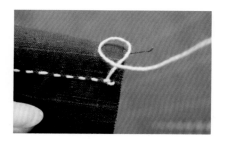

06 将针从第一个针迹处由下往上穿过。

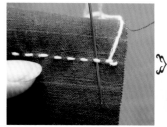 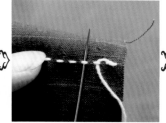 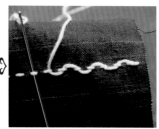

07 然后再将针从第二个针迹处由上往下穿过，之后重复前面的操作步骤。

08 穿完所有针迹后，将针从上穿入布下。

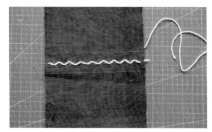

09 至此完成花边 1 的缝制。

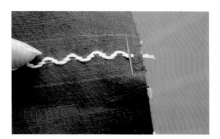

10 继续从另一条画线处出针。

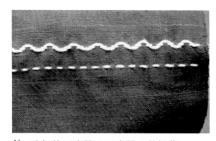

11 重复前面步骤 2 至步骤 5 的操作。

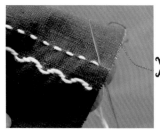  

12 出针，将针线从第一个针迹由上往下穿过。

13 仍然将针线从上往下穿过。

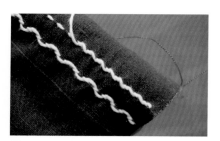

14 继续保持同样的方向将针线穿过（也可从下往上穿）。

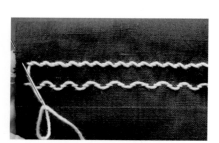

15 最后一针要将针穿入到布下，在布下打终点结。

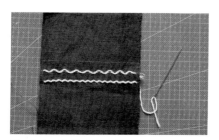

16 完成两条花边的缝制。

17 用同样的方法完成另外两条花边的缝制。

18 对折，画好1厘米宽的缝份。

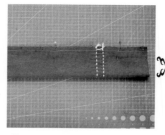

19 用珠针固定，沿画线用全回针缝或半回针缝针法缝合。缝合后，用熨斗熨烫开缝份。

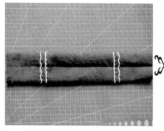  

20 翻出正面后，沿画线处将布的前端内折进去。

21 塞入珍珠棉。

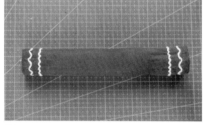

22 填充好适量的珍珠棉。

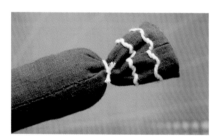

23 在如上图所示的位置用之前使用的 12 股刺子绣线扎住。

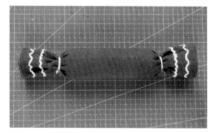

24 完成糖果针插的制作。

04

书形针插

面料：植物蓝染棉布、崇明纯棉手工土织布
绣线：奥林巴斯刺子绣线
成品尺寸：11 厘米 × 8 厘米 × 3 厘米
辅料：填充用的珍珠棉

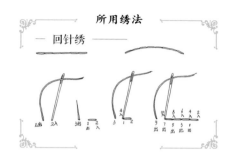

做针线活

总觉得再多的针插都不够

这款手作增强了收纳针的功能

使用更方便

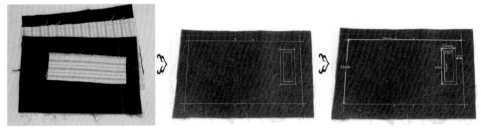

01　准备两块封面布，尺寸为 13 厘米 ×21 厘米，一块内页布，尺寸为 13 厘米 ×20 厘米，一块贴布，
　　尺寸为 6 厘米 ×11 厘米，然后在表布上按照图中所示的尺寸画好图。

　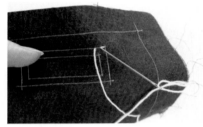

02　穿针线（这里选用奥林巴斯刺子绣线），然后按画好的图进行回针绣。

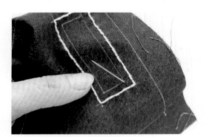　

03　先绣外框，再绣内框。　　　　　　　　　04　绣好方框。

05　用锥子刺方框的 4 个角。　　　　　　　　06　刺出小孔。

07 在表布的反面，用笔和直尺连接4个小孔画出所用方形的大小，周围留0.7厘米缝份。

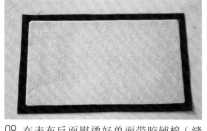

08 在表布反面熨烫好单面带胶辅棉（缝份处不熨烫）。

09 将4个角如图所示修剪一点儿。

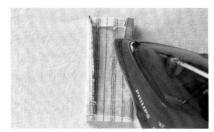

10 将贴布熨烫成4厘米×9厘米大小。

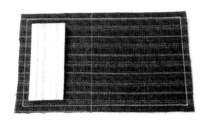

11 将贴布放置在封面里布的正面。

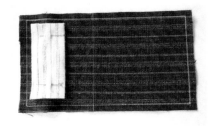

12 用珠针固定。

13 将贴布用平针缝针法缝制在里布上。

14 缝制完成后取下珠针。

15 将封面布的正面相对。

16 用珠针固定，沿画线缝合四周，留6厘米返口。

17 翻出正面并缝合返口，完成"书"的封面制作。

18 接下来制作"书"的内页。画好尺寸，周围留0.7厘米缝份。

19 将布对折后沿虚线缝合，留6厘米返口。

20 用剪刀修剪4个角，不要剪到缝合线。

21 分开缝份。

22 熨烫缝份。

23 将 4 个角都熨烫好。

24 画一条 2 厘米长的线。

25 沿线缝合，剪掉尖角。

26 完成 4 个角的缝合。

27 从返口处翻出正面。

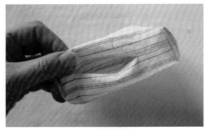

28 从返口处填充适量的珍珠棉。

29 用藏针缝的针法缝合返口。

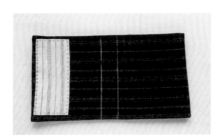
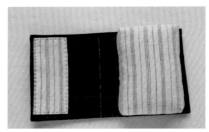

30 在"书"里布的中间位置画宽为2厘米的线。

31 把"书"内页放入封面内。

32 将图中两个虚线部分对齐。

33 用藏针缝的针法缝合图中两个虚线部分。

34 缝合好一圈。

35 最后在图中所示的圆圈处，将"书"的内页和封面用针线再固定几针，完成制作。

传统
抽绳袋

格子布做袋身

蓝布做袋口

配上云纹图腾

飘逸而又神秘

面料：植物蓝染棉布、崇明纯棉手工土织布　　辅料：宽 1 厘米的人字带　　绣线：奥林巴斯刺子绣线、12 股植物蓝染刺子绣线

所用绣法

── 平针绣 ──

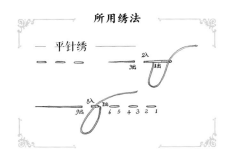

01 准备同样大小的两块布，在布的正面画出 30 厘米 × 30 厘米的正方形和 1 厘米缝份，并画好图案。

02 用平针绣针法绣图案，不用绷绣花绷。

03 一边绣，一边用手捋平布面。

04 图案绘制完成后的效果如图所示。

05 用锥子刺 4 个角，做上记号。

06 此时布的反面会有一个小洞。

07 在反面连接 4 个小洞。

08 将两块布正面相对。

09 用珠针固定，沿画线缝合，留 8 厘米返口。

10 在缝合线外 1 厘米处进行修剪。

11 从返口处翻出正面，并用藏针缝针法缝合返口。

12 如图所示画好线。

13 沿长线翻折至另一面。

14 用 12 股植物蓝染刺子绣线沿画线进行平针缝（注意：将线结藏在布下），如图所示，然后再将第一针穿入布下。

15 重复操作一次，加固此处。

16 用平针缝针法缝合，保持针脚均匀。

17 绣至最后一针时往回缝一针。

18 重复操作一次，加固后，再从夹层处将针线穿出。

19 打好终点结并藏好线头。

20 完成一边的缝合。

21 另一边用同样的方法缝合。

22 对折。

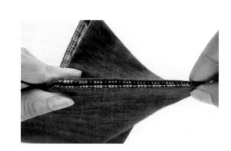

23 将对折角拿起，对整齐。

24 穿双线（双线即指两股线），用卷针
缝针法缝合格子布，针脚尽量密一些。

25 缝合完成。

26 翻到正面后的效果。

27 用同样的方法缝合另一边。

28 缝合完另一边。

29 完成两边的缝合。

30 翻至正面。

31 底部不要完全翻出。

32 完成包体部分的制作。

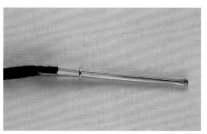

33 准备两条 70 厘米长的人字带，用穿带
器夹住人字带。

34 穿过袋口一边。

35 继续穿过袋口另一边。

36 穿好一条人字带。

37 另一条人字带用同样的方法,沿相反的方向穿过。

38 穿好两条人字带。

39 准备4块小布片,用圆规在布上画出直径为3厘米的圆。

40 用全回针缝针法沿画线缝合，针脚要小一些。

41 留2厘米左右大小的返口，缝线不剪断。

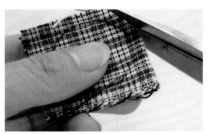

42 修剪掉多余布料。

43 留0.5厘米左右的缝份。

44 将针从返口处穿出。

45 从返口翻出正面。

46 填充适量的珍珠棉。

47 用针将返口处的缝份折向里面。

48 将布袋一侧人字带的两个头一起塞入返口内。

49 用藏针缝针法缝合固定。

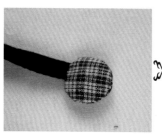  

50 依次完成人字带两端的装饰后，整个作品制作完成。

抽绳零钱包

材料：植物蓝染棉布、崇明纯棉手工土织布、
宽 1 厘米的人字带

无处藏身的零钱
收纳在精致的零钱包中
心情也是愉悦的

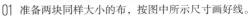

01 准备两块同样大小的布，按图中所示尺寸画好线。

02 留1厘米缝份并修剪好，沿画线进行缝合，留8厘米返口。再翻出正面缝合返口，熨烫整理平整。

03 对折。

04 用卷针缝针法缝合此边。

05 翻向另一面。

 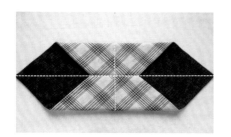

06 缝合边时对齐白色虚线，并按黄色虚线画出中线。

07 用平针缝针法缝合画出的中线。

08 在蓝色布面两端分别画两条直线，两线距离 1.5 厘米。

09 将尖角按短的那条线翻折并画线。

10 用夹子固定，沿线缝合，缝合方法参见 P73。

11 对折。

 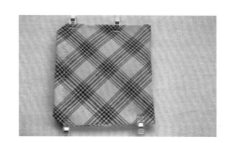

12 对齐并用夹子固定。

13 用卷针缝针法缝合此边。

14 完成两边的缝合后，再翻向正面。

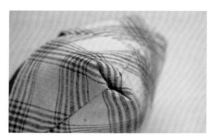

15 底角可以完全翻出，也可留出 3 厘米，用藏针缝针法缝合。

16 准备两条 25 厘米长的人字带。

17 穿绳方法参见 P76。

18 完成制作。

两个小装饰

（1）郁金香

小小的布片

丢掉就可惜了

做成一朵郁金香

可作为多种装饰

材料：崇明纯棉手工土织布、宽1厘米的人字带、填充用的珍珠棉

01 准备一块布片，尺寸为5厘米×8厘米。

02 将布片对折，缝合出宽为5厘米的边。

03 熨烫开缝份。

04 用平针缝针法缝一圈。

05 将人字带带头装入其中。

06 收紧线。

07 将线再对折用力绕两圈。

08 用针再穿过两针加固，使人字带不至于脱落。

09 打终点结，剪掉线头。

10 翻至正面。

11 塞入珍珠棉。

12 将布边向内折 0.5 厘米。

13 在相对的中心点用卷针缝针法缝两针。

14 再绕至另一侧对应的中心点缝两针。

15 制作完成的郁金香可作抽绳袋绳头的
　　装饰，也可作吊坠、挂件。

16 用在木棍上也可作插花装饰。

（2）包扣带头装饰

两颗纽扣

两块布头

组成了可爱的小装饰

材料：纽扣、崇明纯棉手工土织布、宽1厘米的人字带、单面带胶辅棉

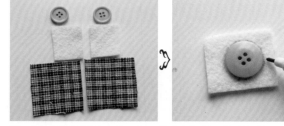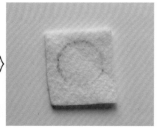

01 准备两颗同样大小的纽扣，并准备好单面带胶辅棉、小布片。沿扣子的外边缘在单面带胶辅棉上
画出纽扣大小的圆。

02 沿外边缘线对辅棉进行裁剪。

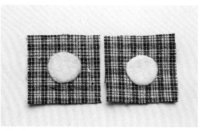

03 将裁剪下来的辅棉熨烫在布片反面。

04 将布片修剪成圆形，在布片大于辅棉的
部分留出缝份（缝份的距离根据扣子的
大小决定，约为纽扣直径的一半）。

06 放入纽扣。

08 做好两颗包扣。

05 缩缝一圈。

07 收紧线。

09 将人字带头放在纽扣上，固定几针。

10 将两颗纽扣相对。

11 用藏针缝针法缝合一圈。

12 完成带头的装饰。

双耳小篮

蓝色的篮子点缀白线小花

用于盛放坚果

别有一番风味

面料：崇明手工纯棉土织布（表布）、纯棉布（里布）

辅料：宽 1.5 厘米人字带、带胶硬衬、无纺布衬、单面带胶辅棉

绣线：12 股刺子绣线

所用绣法

— 直针绣 —

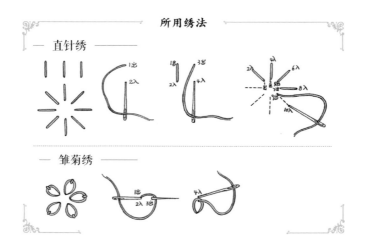

— 雏菊绣 —

01 准备两块表布，一块尺寸为 15.7 厘米×15.7 厘米，一块尺寸为 48.5 厘米×7.5 厘米（已包括 0.7 厘米缝份）。再准备两块里布，一块尺寸为 15.7 厘米×15.7 厘米，并在上面熨烫好直径为 15 厘米的图形带胶硬衬，然后留 0.7 厘米缝份后修剪里布成圆形。另一块尺寸为 48.5 厘米×7.5 厘米，在上面熨烫好无纺布衬（已包括 0.7 厘米缝份）。

02 在长方形的表布上用 12 股刺子绣线绣雏菊，第一针出。

03 第二针在第一针旁边穿入。

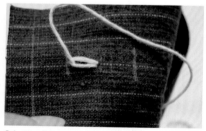

04 第三针穿出，并穿过前面的线圈。

05 第四针穿入，完成一片花瓣的绣制。

06 用同样的操作步骤绣出另外 4 片花瓣。

07 在 4 片花瓣之间绣一针直针绣，重复几次，至此完成一朵装饰花的绣制。

08 根据自己的喜好安排装饰花的多少。

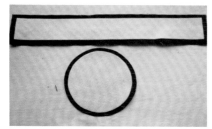

09 在长方形的表布上熨烫 180 克带胶辅棉，除去缝份。在圆形表布上熨烫直径为 15 厘米的圆形带胶辅棉，留 0.7 厘米缝份，并修剪成圆形。

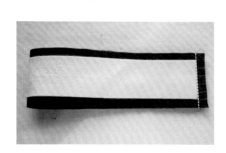

10 将长方形表布对折，缝合虚线处并熨烫开缝份。

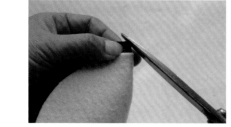

11 对折圆形表布，用剪刀剪一个小的牙口（牙口，即用剪刀剪出的小缺口，可以用作记号，也可用于圆弧处的修剪，使翻出的弧形更加圆顺）。

12 对折两次，剪出 4 个牙口（用于定位）。

13 用同样的方法，将缝合好的长方形表布剪出 4 个牙口，和圆形表布的牙口对齐。

14 用珠针固定并缝合。

15 按图剪出牙口（不要剪到缝合线），完成小篮表布的缝合。

16 用同样的方法完成小篮里布的缝合。

17 按图剪出牙口。

18 准备两条宽 1.5 厘米、长 16 厘米的人字带。

19 将小篮表布翻向正面，对折，找到对角点，剪出牙口。

20 固定人字带，两个带头距离 3 厘米。

21 沿表布、里布的上沿按缝份线熨烫后，将里布放入表布中，对齐并固定。

22 用刺子绣线及平针缝针法进行缝合。

23 完成制作。

树叶小盘

秋

风干了春的温度

捡一片落叶

期许将它留住

材料：植物蓝染手工织布　　　绣线：12 股刺子绣线

所用绣法

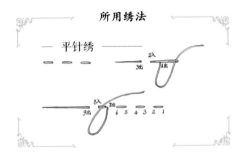

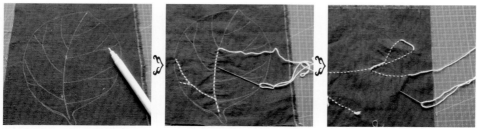

01 画好树叶后，用 12 股刺子绣线及平针绣针法绣出叶脉，注意后面渡线（一条线绣完了不剪断、不打结，在背面直接穿行到另一条线开始绣，这之间的那段绣线）的松紧。

02 绣好叶脉后，再预留 0.5 厘米的缝份，然后修剪布料。

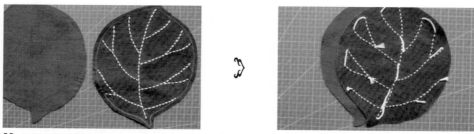

03 剪出一块同样大小的底布，将其与步骤 02 中的底布正面相对。

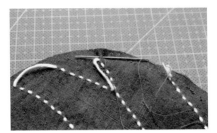

04 用单股线及全回针缝针法进行缝合。

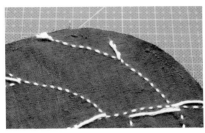

05 留 5 厘米返口。

06 翻出正面。

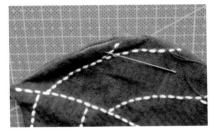

07 用藏针缝针法缝合返口。

08 将针线从两层布中穿入。

09 藏好线头并缩缝 0.5 厘米针迹。

10 抽紧缩缝线，调整均匀。

11 打好终点结。

 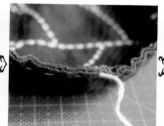 

12 藏好线结，剪掉多余线头，完成制作。

延伸案例

手帕

面料：植物蓝染棉麻布（薄）
绣线：奥林巴斯刺子绣线
成品尺寸：30 厘米 × 30 厘米

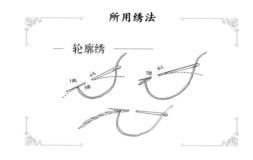

手帕已不多见

只是我习惯

带着我的小猫

四处走走

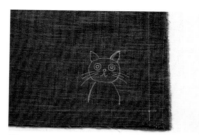

01 在布料上画一个尺寸为 30 厘米 × 30 厘米的正方形。

02 画好图。

03 绷好绣花绷，用轮廓绣针法绣好猫猫图案。

04 绣完后熨烫绣片，沿 30 厘米 × 30 厘米正方形的边留 1 厘米缝份裁剪布片。

05 将布的反面朝上，沿画线处熨烫。

06 在 4 个角的位置呈 45° 熨烫。

07 再把两边熨烫平整。

08 裁剪并熨烫出两块同样大小的布片。

09 将两块布片反面相对。

10 用打线钉的针法固定好两块布片。

11 从熨烫的缝份处起针，藏好线结。

12 将针从内穿出至正面。

13 用平针缝针法缝合两块布片。

14 保持针脚的均匀。

15 缝制到直角处，将线绕住布边，在最后一针处入针。

16 重复上面的操作步骤，再绕一次，完成直角的缝制。

17 继续用平针缝针法重复前面的操作。

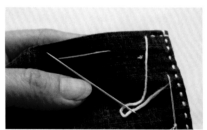 

18 当一根线快用完时可以换线。

19 将针穿至两层布的中间。

20 在此处打终点结。

21 从线结下方入针，使针在布内穿 1 ~ 2 厘米后穿出，注意不要穿出到布面外，轻轻用力，将线结
拉入布内，藏好线结。

22 剪掉多余线头。

23 重新穿线，继续缝合，在缝合至最后一针时，将针穿入两层布的中间。

24 同前面换线时一样藏好线结。

25 完成缝合。

26 剪断之前缝的打线钉线。

27 抽掉线。

28 完成制作。

樱花

面料：植物蓝染棉布　　辅料：宽 1 厘米的人字带　　绣线：奥林巴斯刺子绣线

湛蓝的布一样可以做成漂亮的樱花

用白线点缀

樱花吐蕊跃然于眼前

—— 法式结粒绣 ——

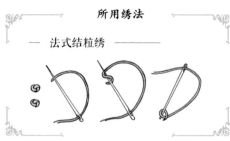

119

01 在布料上画好 5 片樱花花瓣。

02 穿好针线（本例选用 12 股刺子绣线），将针线从下穿出。

03 将针尖在出线处绕一圈，然后再穿入布下。

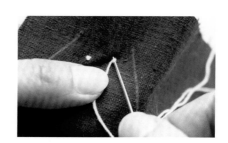

04 完成一次法式结粒绣。

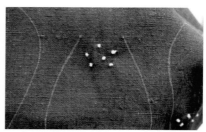

05 用这种方法绣 5 ~ 6 次，做出花蕾装饰。

06 在布料的反面能看到起针、结尾的线结。

07 分别绣好 5 片花瓣的花蕾。

08 准备同样大小的布片，使其正面相对，
沿画线缝合。

09 用剪刀修剪缝合好的布片，留 0.5 厘米
缝份即可。

10 在圆弧处按图中所示打剪刀口，使翻
出的弧线更圆顺。

11 分别将花瓣翻至正面。

12 将花瓣底部折叠。

13 用针线穿过折叠处。

14 折叠好每一片花瓣，连续穿好针线，收紧线，再用线绕几圈，捆紧花瓣底部。

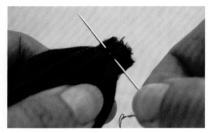

15 再缝几针固定。

16 制作完成后花的正面。

17 完成后的花的反面。

18 另外准备一块长7厘米、宽6厘米的布，做花蒂。

19 将长边对折。

20 留0.7厘米缝份后缝合。

21 缝合好后熨烫开缝份。

22 翻至两边对齐成圆柱状，注意不要完全翻出。

23 准备一条长 15 厘米的人字带并打结。

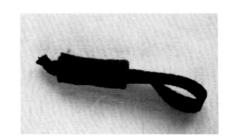

24 将打结的人字带从圆柱的折叠处穿入。

25 用线疏缝布。

26 收紧线。

27 用线绕几圈，捆紧布和人字带，再用针将布和人字带固定几针。

28 将布翻下盖住接头缝合处。

29 把完成的花底部塞入圆柱内。

30 完成制作。

花卉香囊袋

做成香囊

放一些干的薰衣草、玫瑰花瓣

放于枕边

美颜安神

面料：植物蓝染棉布（表布）、崇明手工纯棉土织布（里布）

辅料：宽 1.5 厘米的花边　　绣线：奥林巴斯刺子绣线

01 准备 26 厘米 ×20 厘米的表布、24 厘米 ×20 厘米的里布各两块（已包含 0.7 厘米缝份）。

02 在表布正面画好线。

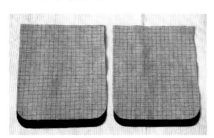

03 将表布和里布正面相对。

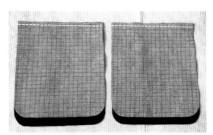

04 将表布和里布沿线缝合。

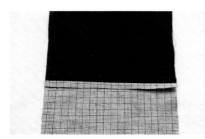

05 用熨斗熨烫开缝份。

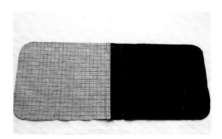

06 将分别缝合好的两片布正面相对（注意：表布对表布，里布对里布）。

07 对齐先前缝合的缝份。

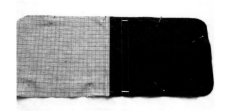

08 用珠针固定，然后沿四周留 0.7 厘米缝份缝合（图中所示 1.5 厘米黄线留出不缝合），在里布留 8 厘米左右的返口。

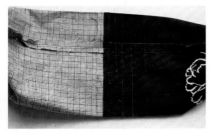

09 用熨斗熨烫开缝份。

10 修剪 4 个圆角处。

11 留 0.5 厘米缝份。

12 从返口将正面翻出。

13 翻出正面后，用藏针缝针法缝合返口。

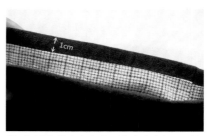

14 把里布放入表布内，将表布内折 1 厘米熨平。

15 熨烫整理好后的效果。

16 之前没缝合的 1.5 厘米处为穿带口。

17 用奥林巴斯刺子绣线穿针，在画线处用平针缝针法固定表布、里布两层。

18 注意正反两面的针脚要均匀。

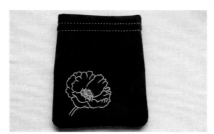

19 制作完成后的袋身。

20 用穿带器从预留的小口中穿入花边（或人字带、麻绳）。

21 完成制作。

猫猫挂坠

喵

躲猫猫

来找我

面料：植物蓝染棉布　　　　辅料：挂坠底托、UHU 胶水或手工白乳胶

绣线：（DMC）25 号白色绣花线

所用绣法

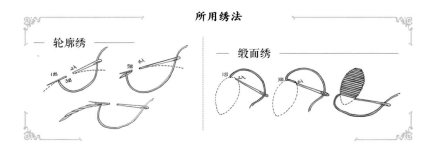

— 轮廓绣 —　　　　— 缎面绣 —

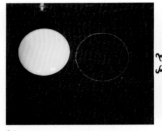  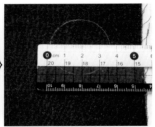

01 沿底片边缘在布料上画出圆形，再用软尺量出底片弧形面为 4 厘米，意味着底片直径比直接画出的圆形直径大 0.5 厘米。

02 在原来的基础上画一个更大的圆形（这样绣出的绣面更加贴合绣片底片的大小）。

03 在布料上画上图形。

04 绷上绣花绷。

05 用两股（DMC）25 号白色绣花线及轮廓绣针法绣出小猫的第一针。

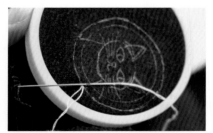 

06 第二针入，第三针出在第一针和第二针的中间。

07 重复第二针和第三针的操作。

08 沿画好的线依次绣。

09 绣完脸部轮廓再绣胡须。

10 用缎面绣针法绣小猫的眼珠。

11 绣完后的效果。

12 沿外圈留 1.5 厘米缝份，对布料进行裁剪。

13 缩缝一圈。

14 放入底片。

15 收紧线后，打终点结。

16 在底托上涂上均匀的 UHU 胶水或手工白乳胶，放入绣片。

17 轻轻按压，完成制作。

头发夹子

是哪位快乐的丫头

只顾自己玩耍

把你的小猫留在了树上

面料：植物蓝染棉布　　　辅料：发夹底托、UHU 胶水或手工白乳胶

绣线：（DMC）25 号白色绣花线

所用绣法

—— 轮廓绣 ——

01 由于发夹比胸针和吊坠小，所以按底片大小画出圆形就可以了，然后画出图形。

02 用轮廓绣针法绣，线选用的是（DMC）25 号白色绣花线一股。

03 由于图案小，所以绣的针脚也要小（注意：要细致地完成眼睛部位的刺绣）。

04 绣完后的效果。

05 整理好绣片。

06 缩缝。

07 放入底片。

08 收紧线。

09 无须涂胶水，直接放入绣片。

10 直接用手指将周围的金属片按压在绣片上。

11 至此完成制作。

胸针

戴惯了金银首饰

珍珠玛瑙

换一种质朴

知性优雅

面料：植物蓝染棉布　　辅料：胸针底托、UHU 胶水或手工白乳胶

绣线：（DMC）25 号白色绣花线

所用绣法

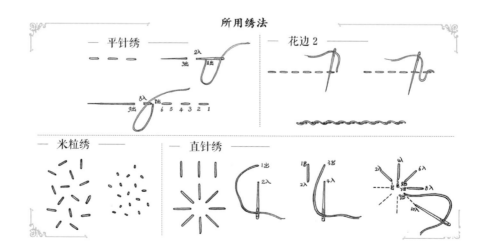

01 画出所需绣片大小。

02 画好图，绷上绣花绷。

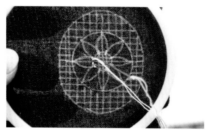

03 用双股（DMC）25号白色绣花线刺绣。

04 用平针绣针法绣出一圈。

05 沿针脚绕线（参见花边2的绣法）。

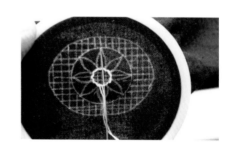

06 在图案中间直针十字交叉，用平针绣针法绣出花瓣轮廓，由于图案小，所以针距也尽量小一些。

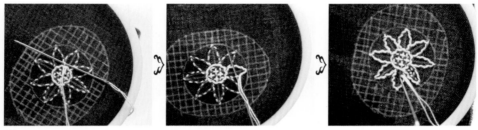

07 绕线（参见花边 2 的绣法），用米粒绣针法绣出花瓣内随意的小米粒。

08 用直针绣针法绣出花朵外面的小花。

09 绣完后的效果。

10 整理绣片。

11 留 1.5 厘米左右的缝份，然后对布料进行裁剪。

12 缩缝一圈。

13 放入底片。

14 收紧线。

15 椭圆形胸针相对于圆形胸针来说，布面与底片之间会出现褶皱，用线再沿褶皱处缝几针，以便加固。
一边缝合，一边拉紧布面，完成后，绣片应与底片完全贴合。

16 将 UHU 胶水或手工白乳胶涂于底托。

17 可用棉签将胶涂抹均匀。

18 放入绣片并轻轻按压。

19 完成制作。

公交卡包

是不是每天还在赶路的时候

焦急寻找公交卡

准备一个公交卡包

生活就方便了很多

面料：植物蓝染棉布（表布）、崇明手工纯棉土织布（里布）

辅料：单面带胶辅棉、宽1.5厘米的人字带

绣线：奥林巴斯刺子绣线、（DMC）25号白色绣花线

所用绣法

平针绣

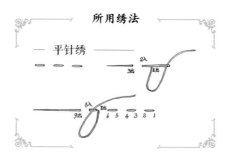

01 准备两块长 22.5 厘米、宽 8.5 厘米的棉布，分别作为表布和里布。如图所示，画好线。

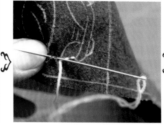

02 画好图形，用奥林巴斯刺子绣线进行平针绣。

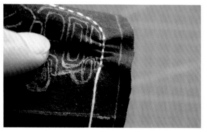

03 本案例图形小、弧度多，要注意抚平布料。

04 图案背面的渡线（一条线绣完之后不
   剪断、不打结，在背面直接穿行到另
   一条线开始绣，这之间的那段绣线）
   也要注意有一定的松度，不要拉得过
   紧，以免影响布面的平整。

05 绣好公交车的外轮廓。

06 公交车玻璃上的反光线用一股（DMC）
25号白色绣花线绣制。

07 虽然只是短短的两条线，但绣图案时
多一些细节，会让图案更生动。

08 绣完的效果。

09 在绣好的绣片反面熨烫180克带胶辅棉。

10 将表布、里布反面相对，用打线钉针
法固定表布和里布。

11 在画线内0.2厘米处用平针缝针法固定
两层布。

12 将转角处画成圆角。

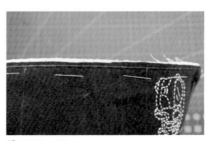

13 缝合一圈。

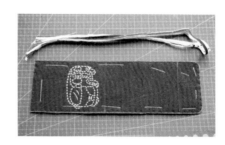

14 用剪刀将布沿画线修剪整齐。

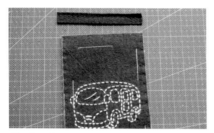

15 剪一条长 8 厘米的人字带。

16 将人字带一半的宽度盖在布面上。

17 用立针缝针法缝合人字带和表布。

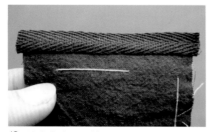

18 缝合完成后的效果。

19 翻出里布。

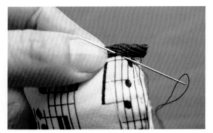

20 将人字带另一半压向里布，并用立针缝针法进行缝合。

21 将里布翻出并留出袋盖，在3.5厘米的距离处用夹子固定。

22 用针线将袋身两边缝合，采用平针缝、全回针缝、卷针缝都可以，固定好后剪掉打线钉的线。

23 剪一条大约53厘米长的人字带。

24 将带头折叠0.5厘米。

25 将人字带宽度的一半盖在袋身上。

26 用立针缝针法进行缝合。

27 袋盖的圆弧转角处针脚要小一些，人字带末端留 0.5 厘米剪断后，向内折。

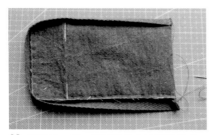

28 翻向另一面，用同样的方法进行缝合。

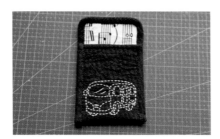

29 完成制作，缝上磁扣（缝磁扣的方法
　　参见 P170）。

书衣

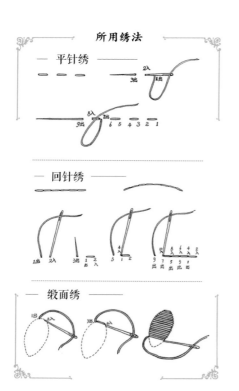

所用绣法

— 平针绣 —

— 回针绣 —

— 缎面绣 —

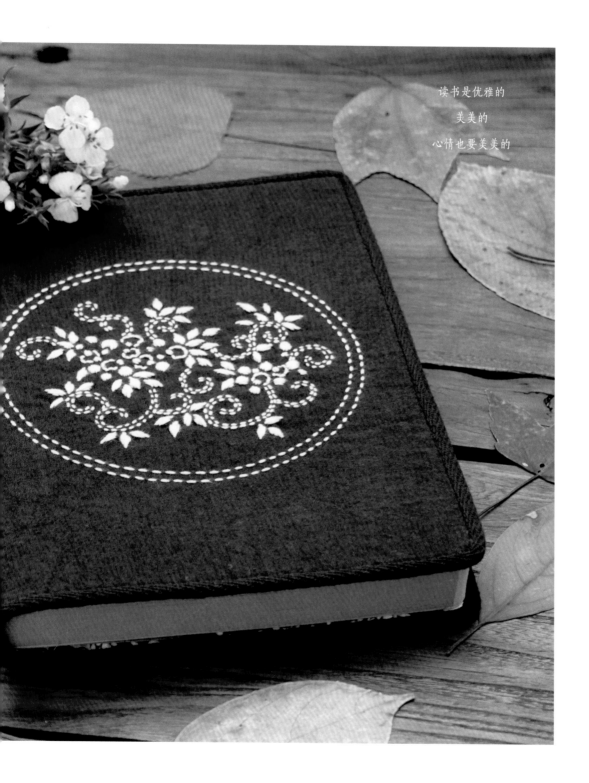

读书是优雅的
美美的
心情也要美美的

面料：植物蓝染棉布（表布）、纯棉印花布（里布）
绣线：奥林巴斯刺子绣线
成品尺寸：15 厘米 × 22.5 厘米
图案：取自民间传统蓝染布上的葡萄图案

01 准备一块植物蓝染棉布、一块印花棉布、一块 180 克带胶辅棉和一条 1 厘米宽的人字带。

02 量出书本的高为 21 厘米，封面和封底的整个长度为 30 厘米。

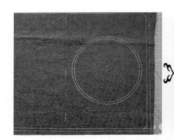

03 按照书本尺寸在植物蓝染棉布（表布）上画出书本外形轮廓，四周再加放 0.5 厘米宽度，然后在其中用白色水消笔画好图。

04 用奥林巴斯刺子绣线先绣外面的圆圈，注意行针均匀，并用手指捋平整。

05 随后绷上绣花绷。

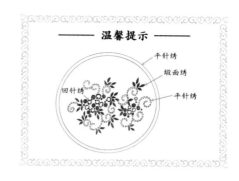

温馨提示

平针绣
缎面绣
回针绣
平针绣

06 接着按"温馨提示"中所示针法进行刺绣。

07 绣好图案后的效果。

08 取下绣花绷。

09 将表布正面朝下熨烫平整（下面垫毛巾），绣上花后外面的边线会有一些变形，将边线修改平直，
   然后在边线外留 0.5 厘米距离剪下。

10 将带胶辅棉带胶的一面朝上，放上绣好的书衣表布。

11 熨烫好带胶辅棉。

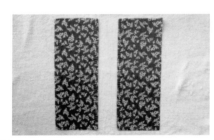

12 剪出一块同表布大小相等的里布，再剪出两块与表布同高，但宽为 12 厘米的里布。

13 将两块宽为 12 厘米的里布的一边向内折 0.5 厘米两次，然后用平针缝针法缝合。

14 按顺序放好表布和里布。

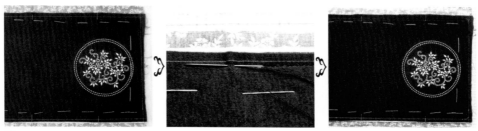

15 用打线钉（疏缝，此次不用珠针固定，因为加了辅棉有一定厚度，使用打线钉针法固定，可以使布更平整）针法固定，沿画线内 0.2 厘米处用单股线全回针缝针法将表布、里布缝合。

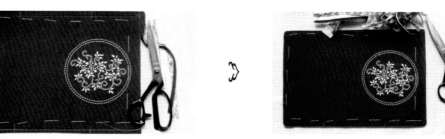

16 沿画线外边将布料修剪整齐。

17 将人字带带头内折 0.5 厘米。

18 用人字带压住边缘一半的宽度，用立针缝针法缝合。

19 在接头处仍然多留 0.5 厘米，剪掉多余部分，然后向内折，缝合并拼接好。

20 将人字带压住正面，用立针缝针法缝合。

21 缝合一圈后，打线结、藏线头。

22 剪掉线头。

23 剪断打线钉的线。

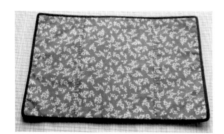 

24 再用熨斗熨烫平整，即可完成制作。

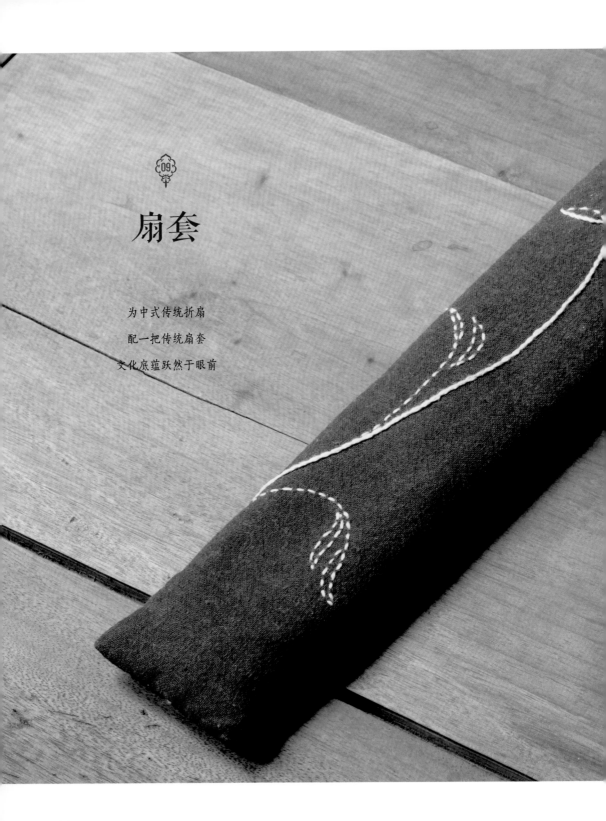

扇套

为中式传统折扇

配一把传统扇套

文化底蕴跃然于眼前

09

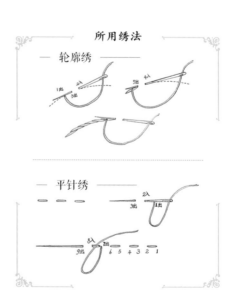

所用绣法

—— 轮廓绣 ——

—— 平针绣 ——

面料：植物蓝染棉布（表布）、崇明手工纯棉土织布（里布）

辅料：无纺布衬，单面带胶辅棉，细线（麻线、棉线、玉线等）

绣线：奥林巴斯刺子绣线

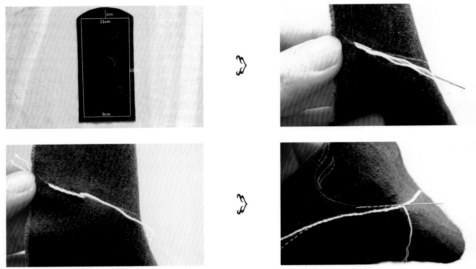

01 准备表布、里布各一块（根据自己扇子的大小调节尺寸），在表布上绘制图案，用轮廓绣和平针绣针法进行刺绣。

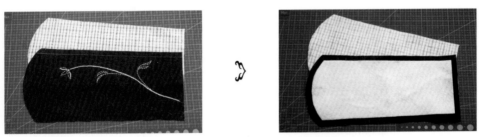

02 给里布熨烫好无纺布衬，给表布熨烫好薄型带胶辅棉，带胶辅棉要除去缝份。

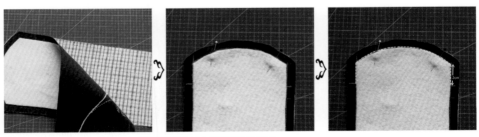

03 将表布、里布正面相对，沿画线处用全回针缝针法缝合。

04 记得在起点处和终点处重复缝一针，以便加固。缝合完成后，在起点和终点处剪一刀（注意：不要剪到缝合线）。

05 在弧形处修剪出 0.5 厘米缝份，用剪刀在弧形处间隔 1 厘米剪出牙口。

06 剪牙口是为了使翻出的弧形更圆顺。

07 拉开表布、里布。

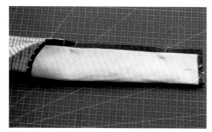

08 将两边对齐并用珠针固定。

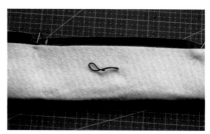

09 准备一小段线并打结（麻线、棉线、玉线等随意）。

10 将线结放入离剪刀口 1.5 厘米处，线圈在里。

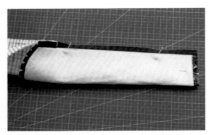

11 沿黄线缝合。

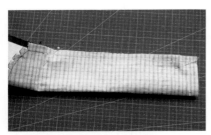

12 同样将里布对折，并用珠针固定，在里布留返口，然后沿线缝合。

13 从返口处翻出正面。

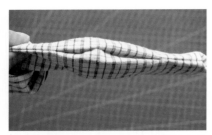

14 用藏针缝针法缝合返口，并将里布放入表布内。

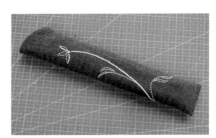

15 完成制作。

文艺范布包

亲手做一个文艺范布包

小清新

做独一无二的自己

面料：植物蓝染棉麻布、崇明手工纯棉土织布

辅料：无纺布衬、60厘米PU皮提带一对（也可根据自己的喜好选用布做提带）

绣线：奥林巴斯刺子绣线

01 准备一块表布，尺寸为 76 厘米 × 27 厘　　02 再准备一块表布，尺寸为 76 厘米 × 13 厘
　　米（已包括缝份），熨烫好无纺布衬。　　　　　米，熨烫好无纺布衬。

  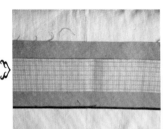

03 准备一块里布，尺寸为 76 厘米 × 38 厘米，熨烫好宽为 4 厘米的无纺布衬。将蓝色表布内折 1 厘
　　米并熨烫。

04 用蓝色表布压住另一块表布约 1 厘米宽。　　05 用珠针固定好。

06 用奥林巴斯刺子绣线，使用平针缝针　　　07 完成后的表布（根据自己喜好，也可
　　法进行缝合。　　　　　　　　　　　　　　　以使用尺寸为 76 厘米 × 38 厘米的布）。

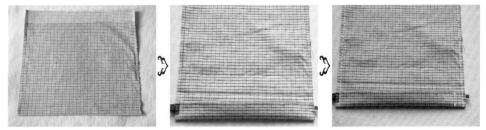

08 将里布对折，在底部再向上折 3 厘米的宽度，固定好，缝合两边虚线（1 厘米缝份）。

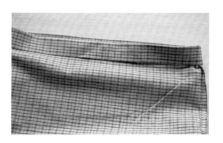

09 熨烫开缝份。将里布袋口向下翻折 3.5 厘米熨烫。

10 用同样的方法对表布进行处理，将表布向下翻折 3 厘米熨烫好。

11 将做好的表布袋翻向正面。

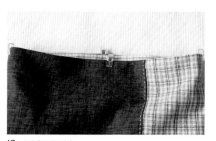

12 把里袋放入表袋中，里袋要比表袋略低 0.3 厘米。

13 用夹子固定。

14 用奥林巴斯刺子绣线（也可用其他线）采用平针缝针法缝合表袋、里袋。

15 穿好 12 股刺子绣线（也可以用其他结实的线），缝合提带，选好缝合提带的位置，起针。

16 让提带刚好遮住线头，第一针穿出提带孔。

17 第二针穿入提带孔，进入里袋，重复一次，以便加固。

18 两次固定后，仍从上一个针脚处出针，将线藏在提带下，再穿入下一个固定点。

19 重复前面的操作步骤，打终点结，藏好线头。

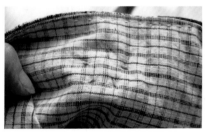

20 固定好提带，保证正、反两面都不会有多余的绕线和线头。

—— 温馨提示 ——

　　无论是何种材质的提带，在缝制时都要把线头和绕线藏在表布、里布之间或提带下，以便保持正、反面的光洁。

21 接下来缝制磁扣。穿针线、打线结，在标记处起针。

22 用磁扣盖住线结。

23 第一针穿过磁扣孔。

24 第二针穿入里布，再从磁扣小孔穿出
（注意：针线不要穿出至表布）。

25 用手将针尾的线绕过针尖。

26 拔出针线。

27 重复前面的操作步骤两次，完成一个小孔的缝制。

28 然后缝制下一个小孔，将针从最后一针出针处穿入表布、里布之间，再从第二个小孔穿出。

29 缝制好 4 个小孔后，从最后一针针脚处穿入，穿过两层布后穿出，再打终点结。

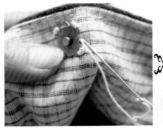  

30 藏好线头，完成制作。

笔袋

笔袋不仅仅是文具

更是知性生活的选择

个性

标新立异

面料：植物蓝染棉布、崇明手工纯棉土织布

辅料：无纺布衬、拉链一根

绣线：奥林巴斯刺子绣线

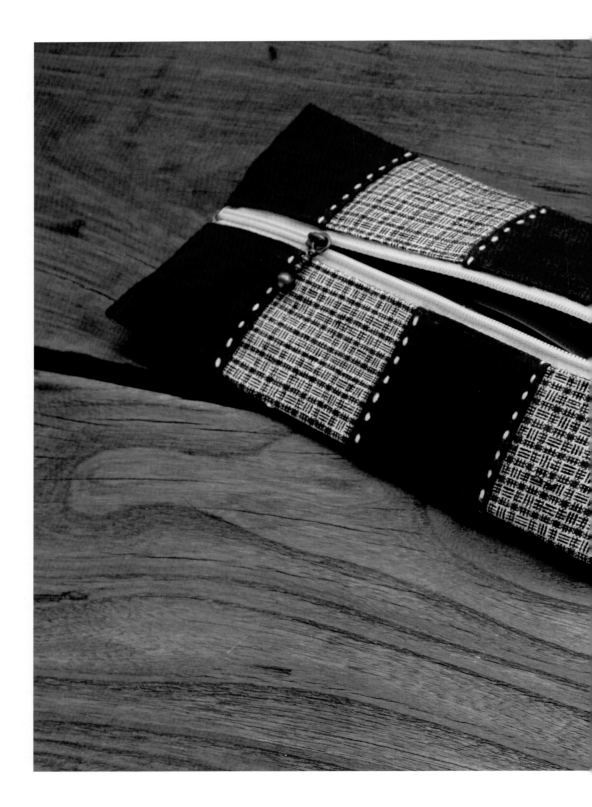

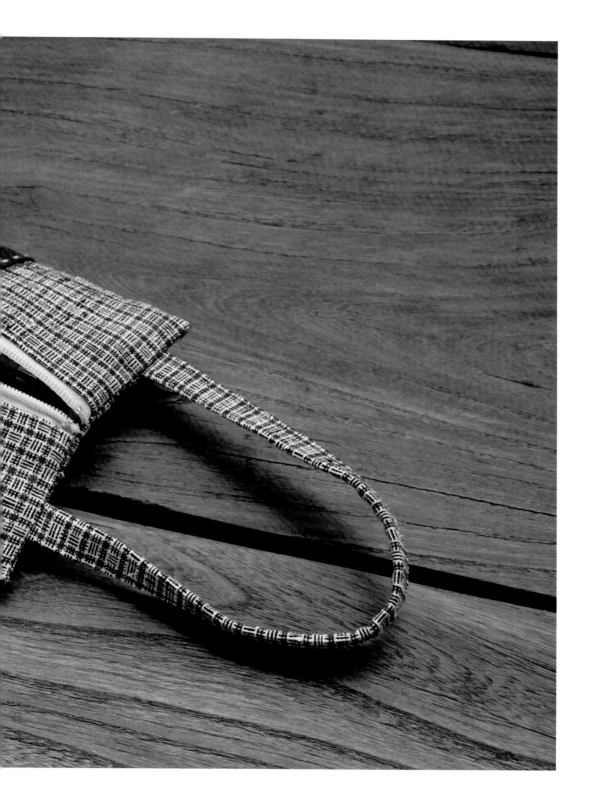

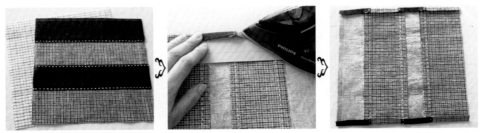

01 准备尺寸为 22 厘米 × 24 厘米的表布、里布各一块，并熨烫好无纺布衬（表布可根据自己喜好，
选择用布拼接或一整块布均可，拼接方法参见 P167），沿 22 厘米的边将表布向内熨烫 1 厘米。

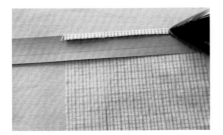 

02 用同样的方式熨烫里布。

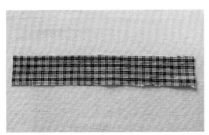 

03 准备一块提带布，尺寸为 24 厘米 × 8 厘米。

04 将提带布对折熨烫。

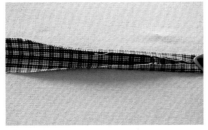 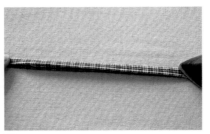

05 熨烫完成后打开布，将布边对准熨烫
的中心线再次熨烫。

06 将布再对折并熨烫好。

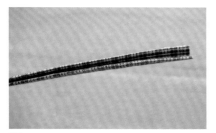

07 用藏针缝针法缝合提带。

08 用珠针将拉链固定在表布上。

09 用星止缝针法缝合拉链和表布。

10 缝合好拉链两边。

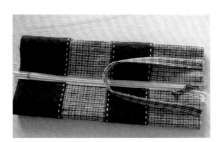

11 固定好提带，提带间隔5厘米。

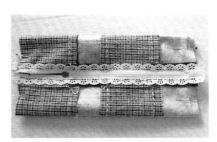

12 将表布翻向反面后缝合两端，缝份为
0.7厘米。

13 缝合里布两端，缝份为0.7厘米，中间
间隔1厘米。

14 将里袋翻向正面。

15 将表袋放入里袋中，袋口对齐并用珠针固定，用立针缝针法缝合里袋和拉链（注意：线不要穿出到表袋布面上）。

16 缝完四周，翻向正面，稍作熨烫，完成制作。

原创案例

将绘图应用到布艺中

专题

❧ 布艺绘图技巧 ❧

大自然是最好的设计师

捡一些自己喜欢的树叶

沿着树叶边沿绘制

再画上一些叶脉会更加生动

银杏餐垫

叶飘落在空中曼妙地起舞

那不是凋零

而是你的完美谢幕

材料：植物蓝染棉布、单面带胶辅棉　　　　绣线：奥林巴斯刺子绣线

成品尺寸：18厘米×26厘米

所用绣法

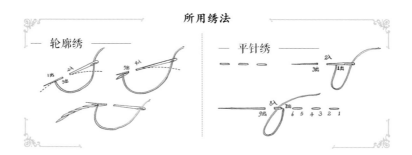

轮廓绣

平针绣

01 准备两块尺寸为 20 厘米 × 28 厘米的蓝染布、一条约 12 厘米长的人字带。沿银杏叶外缘在其中一块蓝染布上画出叶片轮廓。

02 画上叶脉。

03 绷上绣花绷。

04 用奥林巴斯刺子绣线进行轮廓绣。

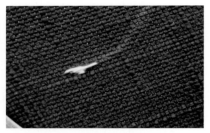

05 注意在叶柄的末端重复几针，绣出叶拓。

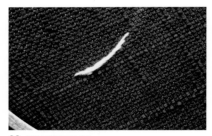

06 沿画线绣叶柄。

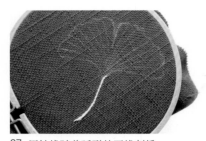

07 用针线随着弧形的画线刺绣。

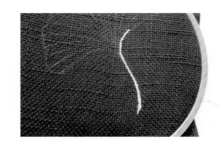

08 在叶子边缘处调整刺绣的针脚，使针脚小一些。

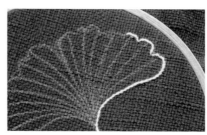

09 采用小针脚刺绣，会使圆弧和转角处更加圆顺。

10 绣完叶子的外轮廓。

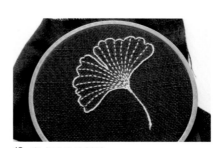

11 用平针绣针法绣叶脉。

12 完成叶片的刺绣。

13 用熨斗整理平整绣片。

14 将两块布的四周修剪成圆角。

15 在底布（没刺绣的那块蓝染布）反面熨
烫好带胶辅棉，缝份处不熨烫。

16 将人字带对折后固定在表布上。

17 将两块布正面相对并用珠针固定，缝合四周留 8 厘米返口。在圆角处剪出约 0.4 厘米宽的剪刀口。

18 将 4 个角都修剪好。

19 从返口翻出正面。

20 用藏针缝针法缝合返口，然后用熨斗
熨烫平整，完成制作。

青花瓷杯垫

用绣花针勾勒出青花瓷

放一株植物

表达一种心情

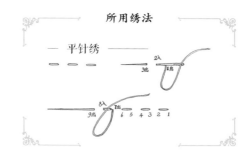
面料：本色手工土织布、植物蓝染纯棉布　　绣线：12 股植物蓝染刺子绣线　　成品尺寸：15 厘米 × 15 厘米

01 用水消笔画一个尺寸为 15 厘米 × 15 厘米的正方形和花瓶图。

02 绷好绣花绷，用 12 股植物蓝染刺子绣线，从瓶口开始进行平针绣。

03 沿瓶口一圈绣好后，从瓶颈往下绣。瓶颈的花纹先从左至右绣，再从右至左绣。

04 继续沿瓶身往下绣，重复前面的操作步骤。

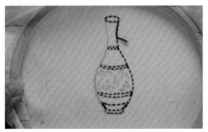

05 注意绣的顺序，反面也保持线迹的整洁。

06 绣至此处开始绣瓶身的花。

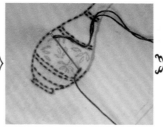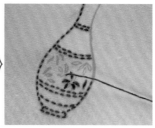

07 第一针平针绣，第二针紧挨第一针线迹绣，两针即可绣出一片花瓣。

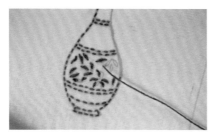

08 合理安排用线的顺序。

09 绣完花，继续绣瓶身。

10 最后一针穿入布下。

11 完成绣花部分的操作。

12 沿画线外缘进行裁剪。

13 在刺绣和后面的整理过程中，布边会有织线脱落，所以在对整块布料进行裁剪时，可以在原图画线上多剪一些。

14 将绣片放入水中，用水消笔画的印迹即可消失。

  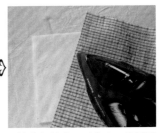

15 阴干绣片，熨烫平整，重新画好 15 厘米×15 厘米的正方形。沿画线修剪好绣片，再剪出一块同样大小的 180 克带胶辅棉，将绣片烫好辅棉，备用。

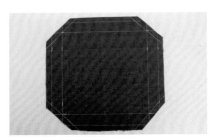 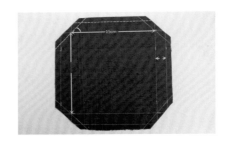

16 在布的反面画好线。

 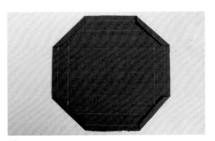

17 熨烫 4 个斜边（小技巧：可用 300 克左右的牛皮纸作熨烫尺使用，熨烫出的印迹更加平整）。

18 熨烫完 4 个斜边。

19 继续沿画线熨烫。

20 完成底布的熨烫。

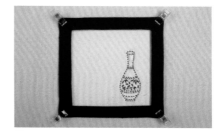

21 将绣片放入，并用夹子固定。

22 从蓝色布边下起针，用藏针缝针法沿蓝色布的熨烫边进行缝合。

23 在直角处缝制顶端，不要剪断线。

24 从顶端往回重复缝制，继续缝合直边，完成制作。

围裙

妈妈用巧手百变出美味的食物

怎可少一件可爱的围裙

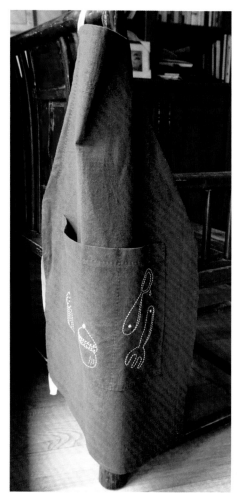

面料：植物蓝染棉布　　辅料：宽 2 厘米的人字带

绣线：白色刺子绣线、植物蓝染刺子绣线

所用绣法

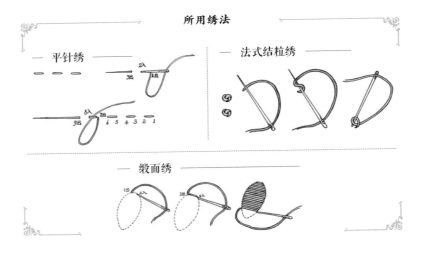

— 平针绣 —

— 法式结粒绣 —

— 缎面绣 —

01 准备一块围裙布料，尺寸为 60 厘米 × 76 厘米，一块贴袋布料，尺寸为 38 厘米 × 32 厘米（已含缝份）。
将贴袋向内熨烫 1 厘米缝份。

02 将袋口向内折 3 厘米两次，并熨烫好。

03 熨烫好的贴袋。

04 在贴袋上画好图。

05 用白色刺子绣线绣出图案，采用的针法
分别为平针绣、法式结粒绣、缎面绣。

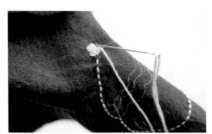

06 用缎面绣针法绣出蛋糕上的水果和勺
子、叉子上的挂洞。

07 用法式结粒绣针法绣出蛋糕上的装饰。

08 绣完的贴袋。

09 在贴袋口 3 厘米的翻折边处用蓝染刺子绣线进行平针缝。

10 将围裙的 4 条边向内折 0.7 厘米两次。

11 用单股线平针缝或全回针缝针法缝合 4 条边。

12 用珠针将贴袋固定在围裙上。

13 用植物蓝染刺子绣线及平针缝针法缝合贴袋和围裙（注意：图中箭头处所示袋口第一针需要重复缝一次，以便加固）。

14 缝好贴袋后，沿图中所示虚线进行平针缝，将贴袋分成两个口袋。

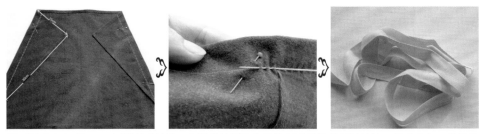

15 将围裙反面朝上，如图所示折叠，在绿线处用植物蓝染刺子绣线进行平针缝。然后准备一条长为
180厘米的人字带。

16 穿好人字带。在箭头处用任意针法固定好带子和裙身，完成制作。

红酒提袋

馈赠礼物

怎能缺少一件完美的包装

红酒提袋

典雅中蕴藏着传统底蕴

面料：植物蓝染棉麻布（表布）、棉麻布（里布）

辅料：无纺布衬、单面带胶辅棉

绣线：奥林巴斯刺子绣线

所用绣法

— 平针绣 —

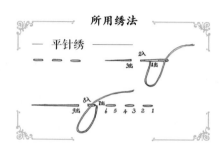

01 准备表布、里布各一块。上面的布是提袋的表布，下面的布是提袋的里布。

02 在表布正面画好图案。

03 用奥林巴斯刺子绣线进行平针绣。

04 绣好图案。

05 整理平整表布，在上面熨烫 280 克带胶辅棉（注意：缝份处不熨烫）。

06 在里布上熨烫好无纺布衬，再缝合画线处。

07 将缝份熨烫开，缝合画线处。

08 将缝份熨烫开，缝合画线处。

09 将里布袋口向下 3.5 厘米折叠并熨烫好。

10 用同样的方法对表布进行处理，然后将表布袋口向下 3 厘米折叠并熨烫好。

11 翻出正面。

12 把里布放入表布中。

13 使里布口袋边略低于表布口袋边 0.3 厘米，对齐缝份线。

14 用夹子固定。

　℥　

15 用奥林巴斯刺子绣线穿针，缝合表布和里布。

　℥　

16 用平针缝针法缝合。

17 完成袋身的缝合。

18 准备两块材质同袋身一样、尺寸为40厘米×8厘米的布。

19 在布的反面熨烫好无纺布衬。

20 将布熨烫成 4 等份，将布的两头向里熨烫 1 厘米。

21 用剪刀修剪直角处。

22 再斜剪掉折边。

23 修剪完成后的效果。

24 将布折叠好。

25 用同样的方法完成对另一块布的处理。

26 用相同色线及藏针缝针法进行缝合，完成提带的制作。

27 固定好提带。

28 画好云朵图案（不仅可以起到固定提带的作用，还可以作为装饰）。

29 起针，将线头藏在提带下。

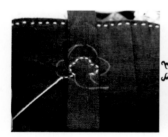  

30 此处较厚，一针一针穿透提带和袋身，再按照图形用平针缝针法缝合好。

31 最后打终点结并藏好线头，完成制作。

环保提袋

一块蓝染布

绣上雨露春芽

随身提带

购物也要别出心裁

面料：植物蓝染棉布　　绣线：12股植物蓝染刺子绣线、白色刺子绣线

所用绣法

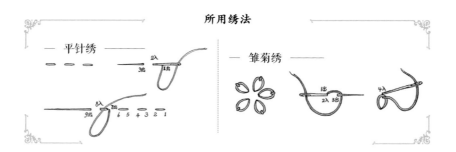

— 平针绣 —

— 雏菊绣 —

01 准备一块蓝染布袋身，尺寸为 84 厘米×36 厘米，两条提带，尺寸为 54 厘米×9 厘米，一块装饰布块，尺寸为 6 厘米×9 厘米。

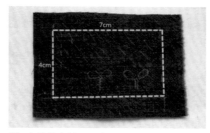

02 在装饰布块上画好图。

03 第一针出。

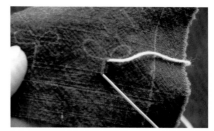

04 第二针入。

05 第三针出。

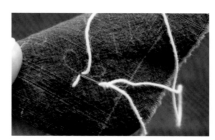

06 第四针紧挨第三针入。

07 第五针从线圈里穿出。

08 第六针挨着第五针入（第三针至第六针采用雏菊绣针法绣了一个花瓣）。

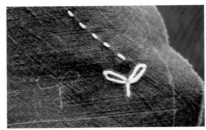

09 重复第三针至第六针操作，即完成一个
幼苗的刺绣。

10 用平针绣针法绣出小雨点。

11 绣完后沿线（步骤 2 中图上所示的线）熨烫。

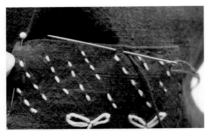

12 将绣片用 12 股植物蓝染刺子绣线及平针缝针法缝合在袋身上。

13 对折，将袋身正面朝外，留 0.5 厘米缝份，用平针缝针法缝合虚线处。缝合后将口袋翻向反面。

14 如左图中黄色虚线所示，留1厘米缝份，用全回针缝针法沿虚线缝合。

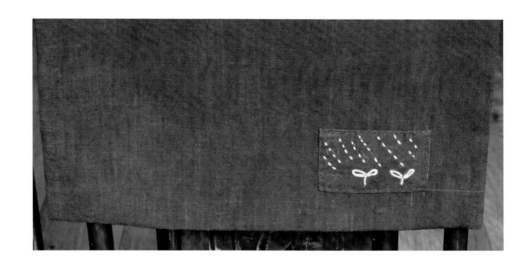

15 缝合完成后，再次将口袋翻回正面（两次缝合布边，可使单层布料内外都不会有毛边出现）。

16 在袋口处画间隔3厘米的线。

17 向内沿画线翻折两次并熨烫。

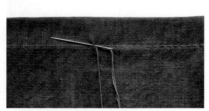 

18 用植物蓝染刺子绣线及平针缝针法缝合
折边。

19 注意保持里外针脚的均匀。

20 接下来制作两条提带，尺寸为54厘米×9厘米。按图中所示尺寸熨烫好。

21 用12股植物蓝染刺子绣线及平针缝针法缝合图中所示的熨烫折叠处。

22 制作完成的袋身和提带。

23 提带间间隔 13 厘米，将提带的端头向内折 1 厘米，并用珠针固定好。

24 用 12 股植物蓝染刺子绣线及平针缝针法缝合提带和袋身（注意：图中所示处都要重复绣一次，以便加固）。

25 完成制作。

小鱼提袋

小小的小鱼提袋

给你装件礼物怎么样

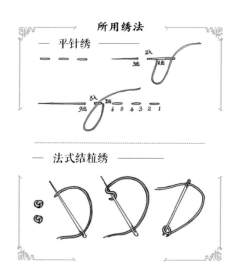

所用绣法

— 平针绣 —

— 法式结粒绣 —

面料：植物蓝染棉布、崇明手工纯棉土织布（表布）、棉麻布（里布）　　辅料：无纺布衬　　绣线：奥林巴斯刺子绣线

01 准备尺寸为47厘米×25厘米的表布、里布各一块，在表布、里布上熨烫好无纺布衬（表布可以根据自己喜好用不同颜色的布料拼接，也可以用同色的布料）。

02 画一条简单的鱼作为装饰。

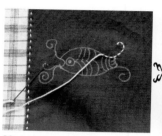

03 用奥林巴斯刺子绣线及平针绣针法绣鱼身，鱼的眼睛则用法式结粒绣针法绣制，针尖在出线处绕一圈，再从出线处穿入。

04 绣完后的效果。

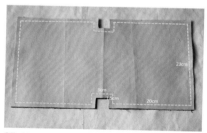

05 按图中所示画好尺寸，留0.7厘米的缝份。

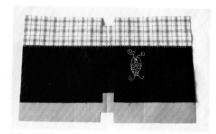

06 裁剪好表布和里布。

07 准备两块提带布，尺寸为25厘米×10厘米。

08 在提带布上熨烫好无纺布衬。

09 将提带布对折熨烫。

10 翻面，对准熨烫出的中间折线再次熨烫。

11 再次对折熨烫。

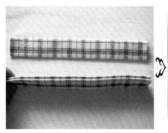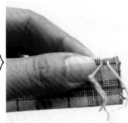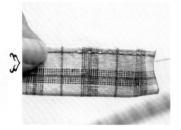

12 按上述方法将两根提带都熨烫好，再用8股刺子绣线及平针缝针法缝合好提带。

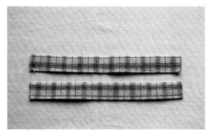

13 缝合好的两根提带。

14 将提带固定在表布上。

15 使表布、里布正面相对，缝合虚线处。再熨烫开缝份，将缝份线对整齐，并用夹子固定。

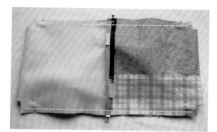

16 按缝份缝合两边，注意留返口。

17 熨烫开缝份，拉开4个角，沿画线缝合。

18 从返口处翻出正面，用藏针缝针法缝合返口，再将里布放入袋内。

19 沿袋口用奥林巴斯刺子绣线及平针缝针法缝明线作为装饰，完成制作。

化妆包

蜘蛛的外形很像汉字"喜"

寓意喜事连连

好运将至

蜘蛛是一种预报喜事的动物

沿着一根蜘蛛丝往下滑

表示"天降好运"

面料：植物蓝染棉布（里布）、崇明手工纯棉土织布（表布）

绣线：奥林巴斯刺子绣线

辅料：拉链一根、无纺布衬

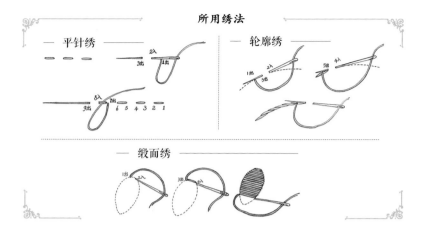

所用绣法

— 平针绣 —

— 轮廓绣 —

— 缎面绣 —

01 准备同样大小的表布和里布各一块，尺寸为 23 厘米 × 37 厘米。

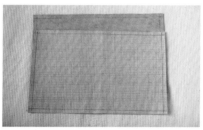

02 在表布及里布的反面熨烫无纺布衬，在四周画好 0.7 厘米的缝份线。

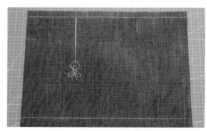

03 在正面简单画一只垂吊的蜘蛛。

04 用奥林巴斯刺子绣线进行平针绣。

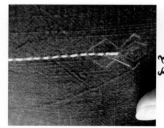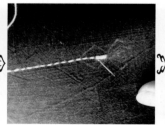

05 蜘蛛的身体用缎面绣针法绣制，而蜘蛛腿则用轮廓绣针法绣制。

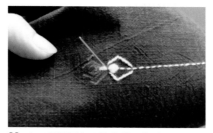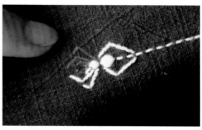

06 由于所绣图案比较小并且简单，反面也已熨烫好无纺布衬，所以此处可以不用绣花绷工具。

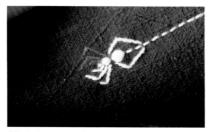

07 但仍然要注意绣线的松紧，要保持绣面
的平整。

08 绣好一只蜘蛛。

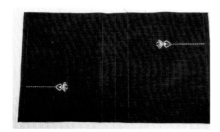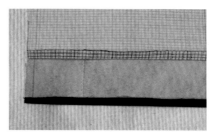

09 绣好两只蜘蛛。

10 沿画好的缝份线将表布、里布的长边
（23厘米的那条边）处熨烫好。

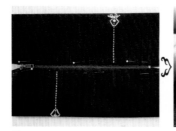

11 把拉链固定在表布上。用与表布同色的单线，采用星止缝的针法缝合拉链。

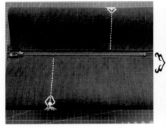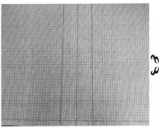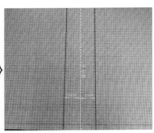

12 完成拉链的缝合，在背面画好线。

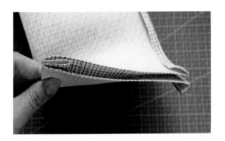

13 按画线熨烫好布。

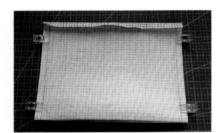

14 用夹子固定，沿缝合线缝合两边。

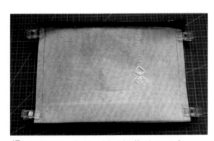

15 用与处理表布一样的操作处理里布。

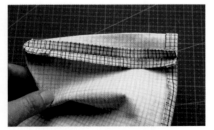

16 缝合好里布后，将缝份熨烫开。

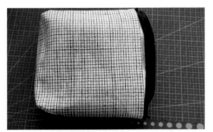

17 将里布口袋翻向正面，然后将表布口袋放入。

18 将表布口袋上的拉链两头向内折。

19 用立针缝针法缝合里布口袋和拉链。

20 注意里布口袋要略低于表布口袋，即里布口袋刚好对准表布口袋和拉链的缝合线，缝合时线不要穿到表布口袋面上。

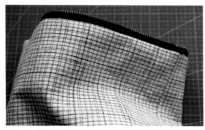

21 缝合好一圈。

22 翻向正面，完成制作。

原创案例

用十字绣做布艺

专题
十字绣基本针法
横进针法

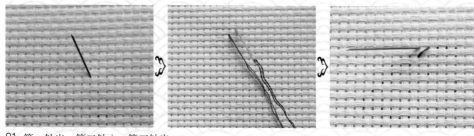

01 第一针出，第二针入，第三针出。

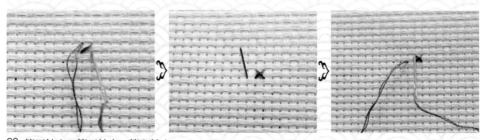

02 第四针入，第五针出，第六针入。

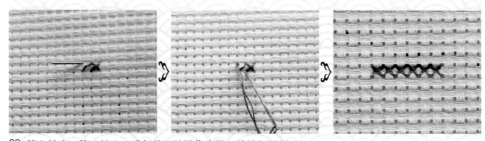

03 第七针出，第八针入，重复前面的操作步骤，效果如图所示。

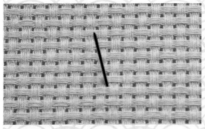

01 第一针出。

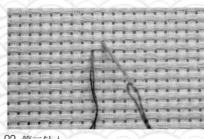

02 第二针入。

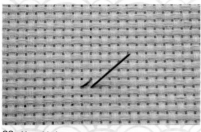

03 第三针出。

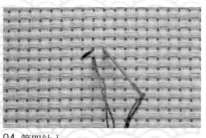

04 第四针入。

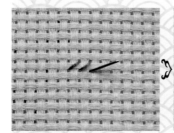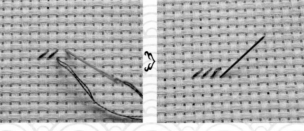

05 第五针出，第六针入，第七针出。

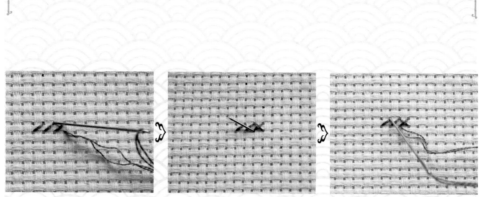

06 第八针入，第九针出，第十针入。

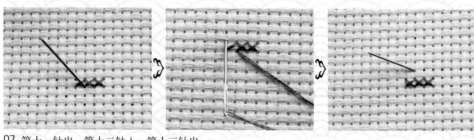

07 第十一针出，第十二针入，第十三针出。

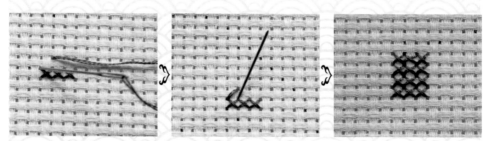

08 第十四针入，重复前面的操作步骤，效果如图所示。

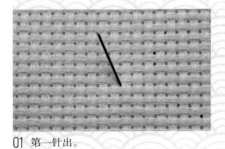

01 第一针出。

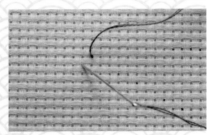

02 第二针入。

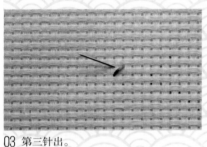

03 第三针出。

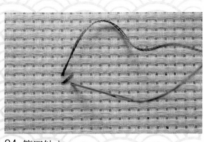

04 第四针入。

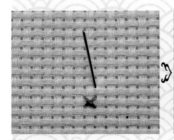
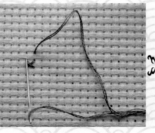
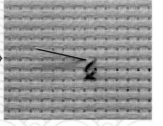

05 第五针出，第六针入，第七针出。

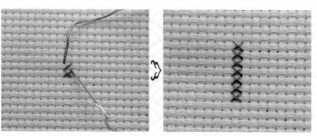

—— 温馨提示 ——

　　十字绣在交叉时，无论右下在上还是左下在上都可以，但注意同一幅作品中，方向要保持一致。

06 第八针入，重复前面的操作步骤，效果如图所示。

延伸案例

方形相框

从老织带中提取的图案

花卉、动物和孩子

采用了传统的表达方式

蓝底白色图案

挂在进门的玄关或孩童的房间

一进门

一抬头

就充满了童趣和欢笑

材料：8 寸方形木质相框、植物蓝染棉布   绣线：（DMC）25 号白色绣花线   成品尺寸：23 厘米 × 23 厘米

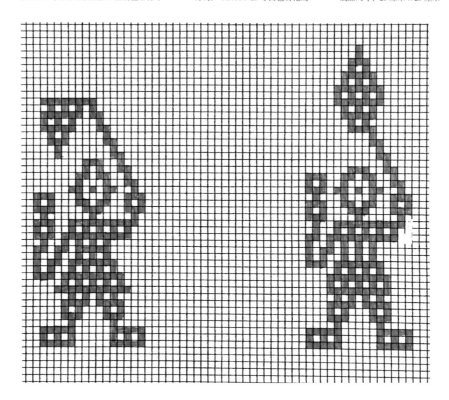

01 画出自己喜欢的相框大小，确定好图案的位置，用打线
　　钉针法将水溶十字绣布固定在布面上。

02 绷上绣花绷。

03 从布下起针。

04 反面留 1.5 ~ 2 厘米线头。

05 将针穿入布下。

06 针向上穿时，将留出的线头压住。

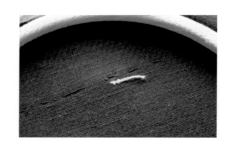

07 将线头压住几针，线头就不会脱落。

 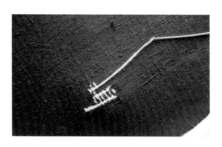

08 当一根线快用完时，将针穿过前面的针脚，压住线头。

09 剪掉多余的线头。

 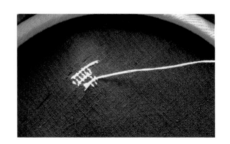

10 重新穿好针线，将针穿过前面的针脚。

11 继续绣图案。

12 将绣好的绣片放入水中，当水溶布溶化后，用清水冲洗干净，阴干绣片。用熨斗熨烫整理绣片，放
   入相框，完成制作。

木棍挂毯

从老织带中提取的图腾

做成回纹装饰挂毯

挂在墙上

慢慢回忆

材料：白色棉麻布，无纺布衬，直径为 1.2 厘米、长 28 厘米的木棍一根

绣线：（DMC）25 号白色绣花线

236

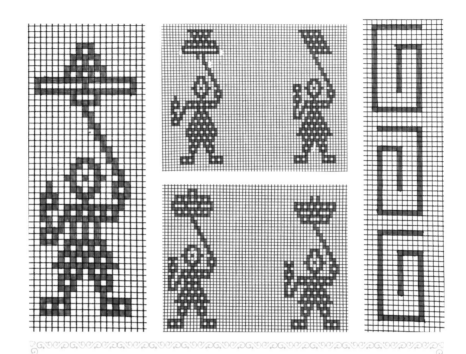

────── 温馨提示 ──────

可根据自己的喜好决定挂毯的大小，并选择图案，安排图案的位置。

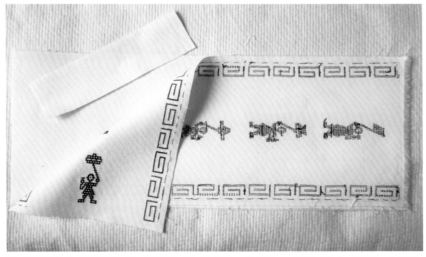

01 准备3块白色棉麻布，其中两块尺寸为59厘米×23厘米，一块尺寸为24.5厘米×7厘米。

02 将绣好的绣片整理平整。

03 在底布反面熨烫无纺布衬。

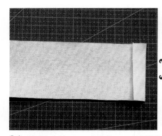  

04 将尺寸为 24.5 厘米 × 7 厘米的布两边折叠 2 厘米，折边连续折叠两次，成 1 厘米宽度。

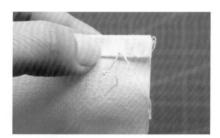

05 用同色线及平针缝针法缝合折边。

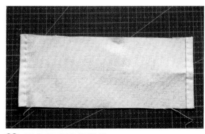

06 缝合完成后的效果。

07 将缝合好的布块对折放置在绣片上，并用珠针固定。

08 将挂毯的两块布正面相对，沿四周留 1 厘米缝份缝合，并留 10 厘米返口。

09 从返口翻到正面，用藏针缝针法缝合返口，穿入木棍。

10 在木棍两头捆上麻绳。

11 完成制作。

背包挂件

背包出门

换一个小挂饰

释放小心情

材料：植物蓝染棉布、10 厘米长的细绳、填充用的珍珠棉   绣线：（DMC）25 号白色绣花线

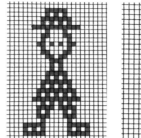 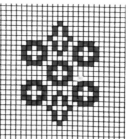

01 绣好的绣片尺寸为 5.5 厘米 × 8 厘米。

02 修剪好绣片。

03 在两片绣片的反面画好褶皱，宽为 0.8 厘米，长为 1 厘米。

04 缝合褶皱。

05 缝合好的褶皱。

06 缝合好两片绣片的 4 个褶皱。

07 在绣片上部画上中心线。

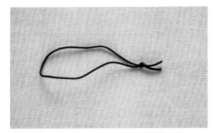

08 准备一条 10 厘米长的细绳并打结。

09 将两片绣片正面相对。

10 将细绳放入中心线位置。

11 用珠针固定，留 0.5 厘米缝份缝合四周，使两面的褶皱倒向不同的方向。

12 在细绳处重复缝制几针，以便加固。

13 留3厘米的返口。

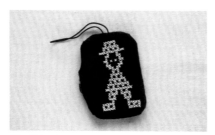

14 翻向正面。

15 填入珍珠棉。

16 用藏针缝针法缝合返口。

17 完成制作。

附　录

废料不浪费——自由的碎片拼布

剩余一些零头布总是舍不得丢弃

其实只要稍加利用

也可以做出美美的物品

剪一刀

拼一块

用不规则的几何图案

拼接出生活的小乐趣

绣线：8 股、12 股刺子绣专用线

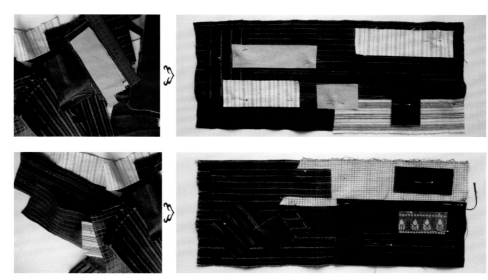

01 将剩余的零头布任意拼在一起，用珠针固定。

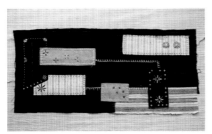

02 一边拼接，一边做一些小装饰，自由地
用自己喜欢的针法呈现出不同的效果。

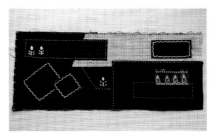

03 继续拼接另外一块布，一边拼接，一边提
取这块小小的老布头上的图案作为装饰。

04 呈现的效果也是让人喜爱的，而且每款都会与众不同。